本书的研究成果得到国家自然科学基金项目"城市基本生态控制区保护性利用模式与策略研究"（项目编号:71403196）、湖北省社科基金（立项号:2015121）的支持

城市基本生态控制区保护性利用规划路径研究

Research on the Protective Utilization Path of the Basic Urban Ecological Control Areas

罗巧灵 著

U0351743

中国建筑工业出版社

图书在版编目（CIP）数据

城市基本生态控制区保护性利用规划路径研究/罗巧灵著.
北京：中国建筑工业出版社，2016.2
ISBN 978-7-112-19023-2

Ⅰ.①城… Ⅱ.①罗… Ⅲ.①城市环境-生态环境-环境
保护-研究 Ⅳ.①X21

中国版本图书馆 CIP 数据核字（2016）第 012039 号

本书运用景观生态学、城乡规划学等相关理论，借助 GIS 技术、Fragstats 景观格局分析软件、数学模型等技术方法，基于生态资源保护及生态资源利用两条主线，遵循提出问题—分析问题—解决问题—案例研究的思路，探讨了城市基本生态控制区保护性利用规划的路径。

全书可供广大城市规划师、城市规划管理者、高等院校城市规划专业师生学习参考。

责任编辑：吴宇江
责任设计：李志立
责任校对：刘 钰 张 颖

城市基本生态控制区保护性利用规划路径研究

Research on the Protective Utilization Path of the Basic Urban Ecological Control Areas

罗巧灵 著

*

中国建筑工业出版社出版、发行（北京西郊百万庄）
各地新华书店、建筑书店经销
北京永峥有限责任公司制版
北京市密东印刷有限公司印刷

*

开本：787×1092 毫米 1/16 印张：11 字数：275 千字
2016 年 10 月第一版 2016 年 10 月第一次印刷
定价：**35.00** 元
ISBN 978-7-112-19023-2
(28095)

序

过去几十年来，世界大部分国家都面临着城市化地区无序地向周边蔓延、城市开发大量蚕食农地及森林绿地的严重挑战。各国规划界为了保护生态环境、实现人类的可持续发展，对控制城市地区的盲目蔓延做了大量工作。早在 1930 年代，英国伦敦就提出过建立绿带来控制城市蔓延的政策。其影响巨大，从此在城市外围划定绿带成为各国城市普遍采用的规划方针。美国城市同样面临着盲目扩张的问题。例如，从 1980 年到 2005 年，芝加哥的城市居民增长了 4%，但是城市化土地面积扩张了 40%。1990 年代初期，美国规划学会 APA 开始提倡"精明增长"（Smart Growth）的理念，1999 年美国政府正式提出以"精明保护"为口号的绿色基础设施（GI）概念。经过努力，到 2000 年代初期，"精明增长"已经成为美国社会各界的共识，APA 也公布了长达 2000 余页的"精明增长导则"。这个导则涵盖了广泛的内容，介绍了如何从政府立法、制定法规，到具体的规划措施（如建立增长边界及集约式发展的模式），目的是引导城市有序、理性地增长，保持并且扩展绿色基础设施。一些城市通过建立增长边界及生态控制区，在应对城市蔓延问题上取得了一些成果，例如位于西海岸俄勒冈州的波特兰市，然而可以令规划界自豪的成绩仍然有限。

1980 年代末以来，中国经济改革的巨大成功带动了中国城市的高速发展。史无前例的高速发展难免要付出代价，特别是生态环境恶化情况日益严重，引起中国政府和社会的高度关注。控制城市蔓延、提升经济发展质量而不是增加开发项目数量，成为中国保护生态环境的一个重要政策目标。但是落实这个目标并非易事。建立城市增长边界、划定基本生态控制区，虽然被公认是落实这一目标的重要规划举措，但是在现实中我们看到的往往是在划定发展控制区后，生态用地被侵占的现象仍然普遍发生，所谓的控制区仅仅停留在图纸上。出现这样的问题有复杂的、多方面的原因。在政府、市场、社会三方面均可以发现导致问题产生的负面因素。从城市规划的角度来看，缺乏有指导性的保护与合理利用生态控制区的理论，特别是缺乏可行的规划措施是重要原因。

罗巧灵博士的著作《城市基本生态控制区保护性利用规划路径研究》正是对解决这个问题的努力。早在 2010 年，她在美国伊利诺伊大学芝加哥分校（UIC）做访问学者期间，就关注着美国城市生态用地的保护利用问题，在回国后她继续对城市生态用地保护与利用进行着研究。其后，她的博士论文仍然围绕这个问题深入展开，本书就是她在博士论文基础上充实完善的可喜成果。

罗巧灵博士在书中总结了大量国际国内的文献资料，对与城市基本生态控制区相关的主要概念如绿带、城市增长边界、绿色基础设施、禁限建区等概念及发展历程进行了系统梳理。书中也提出了不少新理念。例如，她认为应该理解生态资源保护及生态资源利用两条主线，因为"生态系统的功能和服务有不同的内涵"。在进行文献回顾后，罗巧灵博士以成都、北京、杭州、香港为例，对当前中国国内城市基本生态控制区保护性利用规划实践的四种典型模式进行了分析。她还应用景观生态学及城乡规划学的理论与方法，提出了一个保护性利用规划的理论框架。特别是她在书中还提出了保护性利用规划的技术路径，并以武汉市为案例，对所提出的保护性利用规划的理论及方法进行了案例分析。

如果说中国规划界控制城市蔓延，推进并落实基本生态控制区的保护性利用是一部系列性大书，那么罗巧灵博士的这部书是其中比较完整的基础性篇章之一。本书系统地介绍了国内外的理论及实践，并且作出评述，也建立了一个新的理论框架及技术途径，对这个领域的理论研究及实践工作都作出了很好的贡献。作为罗巧灵博士在美国伊利诺伊大学芝加哥分校（UIC）做访问学者期间的指导教授，我对她刻苦的学习态度及认真的工作作风留下了深刻印象。

人类在控制城市盲目蔓延的努力中进行了多方面的尝试。迄今为止，大部分的工作是希望引导城市的延展趋势、规范城市的发展模式，希望城市的未来形态符合人类的期望。但遗憾的是，历史上的各种规划实践，包括绿带、城市增长边界、绿色基础设施等，真正成功引导了城市发展的实例仍然十分有限。也许我们应该换一种思路，即一方面继续努力引导城市的发展使之符合我们的期望，另一方面更多去理解世界发展的根本规律，让人类活动去适应（adapt）客观的发展规律，这包括了经济活动规律、社会行为规律以及人类自身思想形成的复杂多样的途径，以此来调整我们的行为，使我们的城市建设实践更加顺应客观规律，而不是仅仅希望引导客观规律来符合我们的期望。

美国伊利诺伊大学芝加哥分校城市规划系

张庭伟博士

2016 年 6 月

前　言

　　改革开放以来，随着中国的城镇化率急速增加，传统以过度消耗和低效利用土地资源为代价的粗放式城镇化模式累积的资源、环境问题日益突出。为此，集约式的新型城镇化战略应运而生，表现在空间上，则需明确城市发展的底线，保护维系城市生态安全的关键要素。划定城市基本生态控制区，则是实现这一目标的具体举措。

　　然而，在城市基本生态控制区划定后，由于缺乏有效的保护与利用措施，传统消极被动的保护思路使得生态用地被侵占现象时有发生，如何采取前瞻主动的思路，变消极的控制为积极的引导，促进其得到切实保护，成为城市基本生态控制区划定区后急需解答的理论与实践问题。

　　2010 年，笔者师从张庭伟教授在美国伊利诺伊大学芝加哥分校做访问学者期间，对西方城市生态用地的保护性利用研究趋势与动向进行了一些研究，并产生了对生态文明背景下城市生态用地保护与利用进行系统研究的想法。归国后，笔者在武汉市规划研究院工作期间，恰逢武汉市政府要求划定城市基本生态控制线，明确城市发展的底线，武汉市规划研究院承接了此项工作，笔者有机会耳濡目染，时常接触与城市生态用地保护性利用相关的实践及研究课题。2011～2014 年，笔者在攻读博士学位期间，即以城市基本生态控制区的保护与利用作为研究对象，开展博士论文的写作。2014 年 1 月，笔者以"城市基本生态控制区保护性利用模式与策略研究"为题申报国家自然科学基金，获批准立项。此项研究共历时 4 年多，笔者对上述各项成果进行有机整合、提炼、加工，形成《城市基本生态控制区保护性利用路径研究》一书，呈现在各位读者面前。

　　该研究运用景观生态学、城乡规划学等相关理论，借助 GIS 技术、Fragstats 景观格局分析软件、数学模型等技术方法，基于生态资源保护及生态资源利用两条主线，遵循"提出问题—分析问题—解决问题—案例研究"的思路，探讨了城市基本生态控制区保护性利用规划的路径。全书主要包括以下 5 个方面的内容：

　　（1）对国内外与城市基本生态控制区相关的绿带、城市增长边界、绿色基础设施、禁限建区、"四线"、生态基础设施、郊野公园等概念及发展历程进行梳理，对其保护性利用规划有关的研究成果进行综述，解析了国内外城市基本生态控制区保护性利用规划的研究现状及未来的研究趋势。

　　（2）以成都、北京、杭州、香港为例，对当前国内城市基本生态控制区保护性利用规划实践的 4 种典型模式进行了分析，探寻了当前中国城市基本生态控制区保护性利用规划实践的现状和问题，为本书构建适宜中国国情的保护性利用规划方法奠定基础。

　　（3）基于生态资源保护及生态资源利用两条主线，在分析城市基本生态控制区生态资源保护、生态资源利用内涵的基础上，探讨生态资源保护与利用相耦合的思路，构建保护性利用规划的理论框架。本书打破传统生态资源保护和生态资源利用两条平行的线索，开创性地引入一般均衡理论，通过对单位面积生态资源保护产生的生态效益与生态资源利用产生的经济效益进行综合分析，以景观生态规划为桥梁，找到保护与利用效益最大化的均衡点，变生态资源保护与利用的平行框架为交叉框架，然后以此均衡点为基础，利用景观生态学及城乡规划学理论与方法，制定保护性利用的对策及管控措施，形成一套完整的保护性利用规划的理论框架。

（4）以构建的保护性利用规划理论框架为指导，分生态资源评价、保护与利用评估、保护性利用规划3个部分，建立了保护性利用规划的技术路径。①生态资源评价：首先，进行土地利用/覆盖现状评价，作为景观格局评估和生态系统服务的价值评估的基础；然后，采用GIS技术及Fragstats软件，进行景观格局评估；最后，利用科斯坦萨（R. Costanza）等提出，经诸多学者改进的直接市场价值法进行生态系统服务的价值评估。②保护与利用评估：首先，基于生态用地的"垂直"属性，进行生态重要性评价，找出生态系统中能提供较高生态系统服务价值的关键要素；然后，基于生态用地的"水平"属性，根据景观生态学的过程—格局相互作用原理，优化景观空间格局，提升生态系统的"质"。接着，在传统保护与利用分区主要考虑生态因素的基础上，引入经济重要性因子，从自然条件支撑力、现状土地覆盖支持力、上位规划促进力、交通设施吸引力4个方面，进行经济重要性评估。最后，将生态因子与经济因子整合，形成一套新型的保护与利用评价指标体系。③保护性利用规划：在生态资源保护的前提下，以城乡规划理论为指导，从空间管制要求、空间组织模式、产业发展对策、村镇建设对策、规划管控对策5个方面，提出保护性利用规划的对策和措施。最后，将保护性利用规划前后的景观格局及生态系统服务的价值评估的结果进行对比，以验证进行保护性利用规划后是否对城市生态系统的生态服务功能造成损伤。

（5）以武汉市为案例，对本研究提出的保护性利用规划的理论及方法进行了案例分析。以2009年（武汉市城市基本生态控制区划定之初）、2012年土地利用现状矢量图为基础，进行生态资源评价；以此为基础，进行保护与利用评估及保护性利用规划，另选取柏泉办事处作为具体保护性利用规划的试点，提出具体的保护性利用对策，并进行规划前后效果评估。结果表明，本书提出的保护性利用的理论框架和技术路径是切实可行的。

本书的研究特色和创新主要体现在以下3个方面：

两条线索，相互耦合，构建了保护性利用的理论框架：本书打破传统生态资源保护和生态资源利用的两条平行的线索，开创性地引入一般均衡理论，建立保护与利用两条线索耦合的交叉框架，找到保护与利用的均衡点，形成一套完整的保护性利用规划的理论框架。

引入经济因子，构建了新型的保护与利用评价指标体系：本书在传统评价方法基础上，将生态指标归纳为生态重要性和生态脆弱性两大类型，从提升生态服务的价值，优化景观结构和功能的角度，构建生态评价指标体系；然后开创性引入经济因子，构建经济重要性评价指标体系；再综合生态评价指标体系，构建了新的保护与利用规划评价指标体系。

探讨了一套适用的保护性利用技术路径：本书建构了适宜中国中部大城市地域特征的城市基本生态控制区保护性利用技术路径，并以武汉为案例，对该技术路径进行了案例研究，弥补了当前城市基本生态控制区缺乏保护性利用操作方法的问题，提高了规划实施的科学性。

　　本研究成果得到笔者的博士生导师张明教授、詹庆明教授的悉心指导，并得到武汉规划研究院的领导和同事，尤其是国际交流与合作所的两任所长——黄焕、丘永东的全力支持和帮助。同时，课题研究得到国家自然科学基金委员会、湖北省社科基金、武汉大学城市设计学院、武汉市规划研究院的支持，本书的出版得到中国建筑工业出版社的大力协助，在此一并致以衷心的感谢！

　　城市基本生态控制区保护性利用规划路径的研究是城市基本生态控制区划定后实施时的重要研究课题之一。本书力图借助景观生态学、城乡规划学等相关理论，基于生态资源保护及生态资源利用两条主线，探讨城市基本生态控制区保护性利用规划的理论框架及技术方法，尽可能把理论分析与实证研究结合起来，提出一些创新的思路和方法。然而，城市基本生态控制区保护性利用是一个多学科交叉、复杂、综合的研究领域，由于本人时间、精力、水平的限制，疏漏在所难免，敬请广大读者批评指正！

2015 年 9 月于武汉大学

目　　录

1 绪论

1.1 研究背景

1.1.1 城市基本生态控制区的提出

改革开放以来，中国的城镇快速扩张，国家统计局数据表明，从 1978 年到 2014 年，中国城镇人口从 1.72 亿增加到 7.49 亿，城镇化率从 17.92% 增加到 54.77%，根据纳瑟姆曲线预测，未来中国仍将处于城镇化快速发展阶段。回顾过去 30 余年的发展，中国的城镇化模式是以过度消耗和低效利用土地资源为代价的。在我国资源、环境问题日益严重的今天，传统粗放式增长模式亟待改变。李文华院士认为，如何在城镇化过程中维护城市生态安全，保障生态系统为城市和居民提供可持续的生态服务功能，实现人与自然的和谐发展，成为当前我国面临的严峻挑战，这是一个关系到民族存亡的大问题。[①]

随着传统粗放式城镇化模式积累的问题和矛盾日益突出，党的十八大首次正式提出"把生态文明理念和原则全面融入城镇化全过程，走集约、智能、绿色、低碳的新型城镇化道路"，并将其作为未来中国经济发展新的增长动力和扩大内需的重要手段。建设生态文明，是关系人民福祉、关乎民族未来的长远大计。

新型城镇化的核心是转变传统粗放式增长方式为集约式增长方式（单卓然等，2012），表现在空间上，要求明确城市发展的底线，保护维系城市生态安全的关键要素。城市基本生态控制区是指在城市规划区范围内、为保障城市基本生态安全、防止城市建设无序蔓延、以城市自然生态系统和环境承载力为前提，划定的城市生态保护的范围界线，线内即为城市基本生态控制区。城市与区域生态环境问题与危机的实质就是其生态系统服务的损害与削弱，划定城市基本生态控制区，则是解决城市无序扩张、生态系统服务受到损害与削弱的途径，是当前国家倡导的"生态文明建设"与"新型城镇化"的举措。

1.1.2 当前城市基本生态控制区实施面临的问题

早在 2005 年，深圳在国内率先划定城市基本生态控制区，随即出台《深圳市基本生态控制线管理规定》，之后，全国掀起了"基本生态控制线"划定的热潮，诸多城市如武汉、杭州、东莞、上海、合肥等均相继划定城市基本生态控制线。当前，城市基本生态控制区已经成为国内维系城市生态安全、有效管控非城市建设用地的重要手段，其在城市重要战略性资源储备方面起到了重大的作用（郑斌，2014），对缓解城市发展矛盾、保障城市生态安全、防止城市建设无序蔓延等具有重要意义（盛鸣，2010）。但是，从当前的实施成效来看，也存在一定的问题。

---

① 出自李文华院士在俞孔坚、李迪华等著的《"反规划"途径》一书的"序"中。

如盛鸣（2010）对深圳基本生态控制区实施 5 年来的效果进行了评估，认为其总体得到了公众的普遍拥护和认可，但是由于其不可避免地触及一些地区或群体的利益，基本生态控制线范围的合理性、结构的科学性、生态控制区的刚性管理方式及必要性受到部分社会民众及基层政府官员的质疑，甚至被称为"发展的紧箍咒"。

再如 2013 年，武汉市对城市基本生态控制区范围内 2006～2011 年的 5 年建设项目进行了清理，已批、已供、已建项目用地面积超过 19.3km²，其中，涉及生态底线区（禁建区）范围达 2.51km²（武汉市规划研究院，2013a）。在空间分布上，武汉市六大新城组群的发展一定程度上呈"环境资源导向"的粗放型增长模式，山边水边等景观优质区得到诸多开发项目的青睐，生态绿楔和生态廊道被侵占现象时有发生。

城市基本生态控制区在我国实施只有短短不到 10 年，对其划定及管理实施工作不是一蹴而就的，造成上述问题的内在根源是错综复杂的。归纳而言，主要包括以下 3 个方面：

（1）将其看作"均质"的区域，采取静态、消极的保护方式反而不利于保护。城市基本生态控制区并非是"具有相同性质或功能的用地类型"，而是一个"管理控制区"。但是，目前的管理主要将其作为"均质"的区域，控制要求和管理手段相对宏观笼统，如即使部分专业的规划设计人员，在开展城市规划编制时，对于被划为城市基本生态控制区的区域，往往理所当然地用简单的"一抹绿色"进行控制，忽略了错综复杂的土地使用现状。因而，对城市基本生态控制区的保护，应对其土地利用现状、空间资源条件、生态敏感性等因素进行综合分析，探寻最适宜的保护原则和管理策略，消极的、被动的保护其实就是没有保护。

（2）缺乏明确的保护性利用策略，造成已有项目缺乏方向，未来的发展缺乏指引，容易进一步被蚕食。城市基本生态控制区并不是"禁区"或"无人区"，即使是绝对保护的生态空间，同样需要针对其自身特征形成积极的保护与生态建设策略（罗震东等，2008）。生态控制区包含水源保护区、风景名胜区、郊野公园等多种类型，除了最核心的生态保育功能外，本身具有丰富的内涵，并可被公众广泛认识和使用，只有这样，才能促进城市基本生态控制区切实得到可持续的保护。因此，应对其在生态文明、历史文化、教育科普、休闲游憩等方面的功能及价值进行重新认识，促进其与城市生活互动，在保障其生态功能的前提下，充分发挥其在经济、社会、文化等方面的综合效益。

（3）缺乏相应的政策指引。划定与实施城市基本生态控制区，是协调经济发展与生态保护关系的重要手段，难以避免会触及一部分群体和一部分地区的利益，区内区外"两重天"的境遇必然造成区内利益群体的不满，所以必须建立相应补偿及激励政策，如"开发权转移"等，对生态区内的利益群体进行补偿，保障其合法权益。

1.1.3 研究问题的提出

可见，采取前瞻主动的思路，变消极的控制为积极的引导，在保障城市基本生态控制区生态功能的前提下，通过保护性利用促进城市基本生态控制区实现可持续的管控，是划定城市基本生态控制区后急需解答的理论与实践问题。然而，由于城市基本生态控制区的保护性利用是一个浩瀚的巨系统，涉及生态、规划、政策等诸多方面，由于时间、精力及学识的限制，本书主要从物质空间规划的角度，探讨城市基本生态控制区划定后，其保护性利用规划的路径，试图构建保护性利用规划的理论框架及技术路径。

本次研究主要解决以下 3 个方面的问题：

（1）如何保护城市基本生态控制区内对生态系统服务具有重要意义的生态要素，优化城市基本生态控制区内生态资源的景观结构、功能和关系，提升城市基本生态控制区生态系统服务的价值和对城市生态系统的贡献。

（2）如何建立城市基本生态控制区保护与利用的耦合关系，搭建生态资源保护与生态资源利用的桥梁，形成城市基本生态控制区保护性利用的理论框架。

（3）如何制定城市基本生态控制区保护性利用规划的操作体系，以采取动态、积极的保护思路，促进城市基本生态控制区的实施。

1.2 概念的界定及辨析

1.2.1 城市基本生态控制区的概念

国外与城市基本生态控制区相似且作为政策被固定下来的实践，最早始于 20 世纪 30 年代英国伦敦提出的"绿带"，随后在英国的其他城市以及莫斯科、巴黎等国际大都市进行了实践。20 世纪中后期，城市基本生态控制区的内涵与外延进一步拓展，相似的如城市增长边界、绿色基础设施、绿色网络、绿道、生态基础设施等概念与实践不断涌现（郑斌，2014），如美国波特兰市划定的城市增长边界，美国马里兰州倡导的绿色基础设施，新加坡制定的绿色网络规划等。

国内与城市基本生态控制区相似的概念，最早为香港实施的郊野公园。香港在 20 世纪 70 年代颁布《郊野公园条例》，通过划定郊野公园和特别保育地区，保育生态敏感的区域。目前，香港共有 24 个郊野公园和 22 个特别保育地区，覆盖超过全港 40% 的土地。大陆地区关于城市基本生态控制区的实践起步相对较晚，20 世纪 90 年代中后期才开始关注，最初以国外概念的引入及本土实践为主，如"绿带"等概念；2005 年前后，有关城市基本生态控制区的研究进入高潮，尤其以 2003 年深圳编制《深圳市近期建设规划（2003 ~ 2005）》时首次提出了生态基本控制线的概念，并于 2005 年就基本生态控制区范围向社会进行了公示为标志。之后，国内开始了广泛的城市基本生态控制区的规划尝试。截至目前，深圳、东莞、武汉、广州、长沙、合肥、厦门等城市均不同程度地划定了城市基本生态控制线，部分城市还配套出台了《基本生态控制线管理办法》，进一步强化了对城市基本生态控制区针对性的管控措施。

关于城市基本生态控制线，国内普遍认为："基本生态控制线是为了保障城市基本生态安全，维护生态系统的科学性、完整性和连续性，防止城市建设无序蔓延，在尊重城市自然生态系统和合理环境承载力的前提下，根据有关法律、法规，结合实际情况划定的重点生态保护要素的范围界线，线内区域即为城市基本生态控制区。"（周之灿，2011；崔清远，2012）

另外，我国各城市在编制具体的城市基本生态控制区规划时，也从其构成要素、作用等方面给其进行了定义。

广州：以市域大型生态斑块和生态廊道为骨架，把水源保护区、生态保护区、成片的基本农田保护区、生态廊道、公共绿地等非建设用地以强制性内容进行控制的地区。作为城市发展建设的基本生态底线，设立基本生态控制区，有利于实现城市可持续发展，构筑城市生态安全格局，避免城市快速蔓延（王国恩等，2014）。

武汉：位于城市增长边界之外，具有保护城市生态要素、维护城市总体生态框架完整、确保城市生态安全等功能，需要进行保护的区域，包括生态底线区（禁建区）和生态发展区（限建区）。[①]

深圳：①一级水源保护区、风景名胜区、自然保护区、集中成片的基本农田保护区、森林及郊野公园；②坡度大于25°的山地、林地以及特区内海拔超过50m、特区外海拔超过80m的高地；③主干河流、水库及湿地；④维护生态系统完整性的生态廊道和绿地；⑤岛屿和具有生态保护价值的海滨陆域；⑥其他需要进行基本生态控制的区域。[②]

综合以上定义，笔者认为城市基本生态控制区具有三方面的属性：

（1）空间形态属性：城市基本生态控制区是城市规划区范围内，城市建设用地以外的区域。从目前已划定城市基本生态控制线的城市来看，广州、深圳是在市域范围内划定城市基本生态控制区，武汉是在都市发展区范围内划定城市基本生态控制区，但总的来说，均是在城市规划区范围以内、城市集中建设区以外的区域。

（2）生态保育属性：城市基本生态控制区包含城市水源保护区、生态保护区、成片的基本农田保护区、生态廊道、公共绿地等要素，且彼此之间按照景观生态学原理彼此联系，强调空间网络结构的完整性和生态系统服务的综合性，既是自然生命的支持系统，又是维持城市生态安全的基本底线。

（3）公共政策属性：城市基本生态控制区是界定城市建设是否"合法"的准则之一，在基本生态控制区内的任何建设，必须符合相应的项目准入要求。

从城市基本生态控制区的概念及属性来看，城市基本生态控制区是一种将生态保护、城市开发、空间管制等建立起一系列耦合关系的技术手段和公共政策，是对国家宏观层面节约、集约用地、促进新型城镇化与生态文明建设等总目标的回应。

1.2.2 相似概念辨析

1.2.2.1 "四线"、城市禁限建区

城市"四线"：是指划定需要保护的城市绿地系统、地表水体、历史文化街区与历史建构筑物、城市交通市政基础设施的控制范围和界限，并以具体的控制指标和要求进行控制。从2002年开始，建设部陆续发布了城市绿线[③]（2002年）、紫线[④]（2003年）、黄线[⑤]

---

① 见《武汉市基本生态控制线管理规定》，2012年3月16日武汉市人民政府第224号令发布。
② 见《深圳市基本生态控制线管理规定》，2005年10月17日深圳市人民政府第145号令发布。
③ 《城市绿线管理办法》，中华人民共和国建设部令第112号，于2002年9月9日建设部第63次常务会议审议通过，自2002年11月1日起施行。
④ 《城市紫线管理办法》，中华人民共和国建设部令第119号，于2003年11月15日建设部第22次常务会议审议通过，自2004年2月1日起施行。
⑤ 《城市黄线管理办法》，中华人民共和国建设部令第144号，于2005年11月8日建设部第78次常务会议审议通过，自2006年3月1日起施行。

（2005 年）、蓝线①（2005 年）管理办法，作为以上建设控制区域的法定依据。

城市禁限建区：是目前与基本生态控制区类似的法律地位最高的一个概念。最早在 2005 年建设部颁布的"《城市规划基本术语标准》局部修订征求意见稿"中提出。2006 年，新版《城市规划编制办法》进一步明确在城市规划纲要和中心城区规划中要划定禁建区、限建区、适建区范围。2008 年实施的《城乡规划法》则明确规定城市、镇总体规划应当划定禁限建区（李博，2008）。综合已有法规及实践，我国城市禁限建区的范围从小到大可归为：①非城市建设用地范围，即城市建设用地范围以外、城市规划区域以内的区域（谢英挺，2005）；②非城市建设用地和开放空间（邢忠，2006）；③除②所包含的内容外，还涉及其他建设用地甚至现有建成区中禁止或者限制建设的用地，如公园、历史保护紫线范围等（李博，2008），如北京市在限建区规划中划定的限建区要素，已覆盖了部分建设用地范围（龙瀛等，2006）。

从以上分析可见，"四线"主要对绿地、地表水体、历史文化区域、城市基础设施等特定的对象进行控制，城市基本生态控制区则是对这些必须受到保护的区域及其他需要保护区域边界线的整合。禁限建区与城市基本生态控制区相似，两者在一定程度上相互重叠，因此有学者在规划实践中将禁限建区作为广义的城市基本生态控制区。虽然两者在空间上相互重合，但是城市基本生态控制区更强调维护城市生态安全的关键格局，因此，两者在内涵方面有不同的侧重。

1.2.2.2 绿带、城市增长边界

绿带（Green Belt）：是环绕城市周边并限制城市增长的障碍，其规划思想最早产生于 1898 年霍华德的田园城市理论（汪永华，2004；李博，2008；温全平等，2010），从 20 世纪 30 年代英国大伦敦规划时首次提出在伦敦周边划定环城绿带思想后，自 20 世纪 50 年代以来，世界上一些大城市，如巴黎、柏林、莫斯科、法兰克福等均规划与建设了环城绿带，绿带宽度一般为 5 ~ 15km。

城市增长边界（Urban Growth Boundary，简称 UGB）：城市增长边界不是物质空间，而是区分城市发展建设区域和乡村区域的界线，界线以内是城市发展区，界线以外是农村地区（Gennaio et al.，2009），政府不提供城市增长边界以外的基础设施和公共服务（Kelly，2000）。划定城市增长边界是西方国家在对城市蔓延式发展反思过程中提出的一种技术解决措施和空间政策响应，当前已成为美国控制城市蔓延发展最成功的一种技术手段和政策工具（张庭伟，1999）。城市增长边界的划定试图通过将城市发展集中在城市增长边界以内来引导城市空间增长，控制城市无序蔓延，保护农地和林地免于被城市蔓延发展吞噬（冯科等，2008；丁成日，2012）。

绿带及城市增长边界都是限定城市蔓延的工具，而城市基本生态控制区不但可起到限定城市蔓延的作用，自身作为独立的空间区域，还具备维护城市整体生态安全的作用，因此，较绿带及城市增长边界的内涵和外延更加丰富。

---

① 《城市蓝线管理办法》，中华人民共和国建设部令第 145 号，于 2005 年 11 月 28 日建设部第 80 次常务会议审议通过，自 2006 年 3 月 1 日起施行。

1.2.2.3 绿道、绿色基础设施、生态基础设施

绿道（Greenway）：最早有关绿道的规划实践是由著名景观规划师 Julius Fabos 领导的美国新英格兰地区绿道规划。规划旨在保护开放空间的同时，通过发展该地区的旅游业而进行保护性利用。具体做法是：打造容易接近的绿色通道和绿色空间；在不损害环境和公众利益的前提下增加旅游收入；利用部分旅游收入维护和改进环境质量，促进良性循环。之后，绿道规划开始在美国盛行，并增加了可持续发展和生物多样性保护等新的目标。

绿色基础设施（Green Infrastructure，简称 GI）：是人类社会的自然支撑系统，以及维护城市生态安全的关键性格局，它强调空间网络结构的完整性和生态系统服务功能的综合性（李咏华，2011；Hansen et al.，2014）。绿色基础设施兼顾考虑生态、美学、文化和游憩价值（Anthony，2005），山体、水域、湿地、农田、林地、生态旅游区、文化遗产区域等都是其重要组成部分。

生态基础设施（Ecological Infrastructure，简称 EI）：联合国教科文组织的"人与生物圈计划（MAB）"最早提出生态基础设施概念。生态基础设施是维持土地生命系统的基础性结构，它将生态系统的各种服务功能，如生物多样性保护、旱涝调节、食物供给、休憩娱乐，文化遗产保护等整合在统一的景观格局中，并落实在用地空间上，作为城市建设的禁止区域（俞孔坚等，2005；俞孔坚等，2007）。

绿道是一种线型的廊道，注重将各生态斑块之间连通，在空间上较城市基本生态控制区范围小。而 EI 和 GI 都是从生态系统服务上来阐述，其倡导的生态系统服务和对城市持久支撑的思想是完全一致的，与城市基本生态控制区在空间上具有高度的重合性。

1.2.2.4 非城市建设用地

非城市建设用地的概念出现较早，《城市用地分类与规划建设用地标准》（GB 50137—2011）将城乡用地分为建设用地与非建设用地：建设用地包括居住用地、公共设施用地、工业用地、仓储用地、对外交通用地、道路广场用地、市政公用设施用地、绿地、特殊用地等，非建设用地包括水域、农林用地以及其他非建设用地等。土地管理体系中城乡统一的《土地分类》标准采用三级分类体系，包括农用地、建设用地、未利用地等三大类（谢英挺，2005）。农用地和未利用地为非城市建设用地，并有相应的概念和分类。

非建设用地是广义的不可作为城市建设的区域，较城市基本生态控制区概念更广。

1.2.2.5 主体功能区与生态功能区

主体功能区是指基于不同区域的资源环境承载能力、现有开发密度和发展潜力等，将特定区域确定为特定主体功能定位类型的一种空间单元。《全国主体功能区规划》（国发〔2010〕46 号）将国家层面主体功能区分为优化开发区、重点开发区、限制开发区（含农产品主产区、重点生态功能区 2 种）、禁止开发区 4 种类型

生态功能区概念的提出则是伴随我国生态环境管理实践不断深入，对于生态系统服务功能的认识日益深刻，并且借鉴国际上生态系统综合管理思想及区划理论的发展基础上形成的系统的生态环境保护与治理的新思路（李炜，2012）。生态功能区的概念源于其承载的生态系统服务功能，而生态系统服务功能也决定了生态功能区的基本属性与类别，生态

系统服务功能概念是生态功能区概念提出的基础。

主体功能区划的目的是为实现国土空间合理的区域功能分工格局，而生态功能区划的目的是为生态保护和建设提供科学依据。此外，主体功能区划既重视区域的经济开发功能，也重视生态服务功能；而生态功能区划只侧重于生态服务功能。两者的联系在于按主体功能被划分为限制开发区域或禁止开发区域的地区往往是目前重要的生态功能区（李炜，2012）。

1.2.3 城市基本生态控制区与相似概念的区别与联系

与城市基本生态控制相关概念辨析一览表 表1-1

概念	法律依据	主要内容	代表城市
四线	法定	指划定需要保护的城市绿地系统、地表水体、历史文化街区与历史建构筑物、城市交通市政基础设施的控制范围和界限，并以具体的控制指标和要求进行控制	国内各城市
城市禁限建区	法定	划定禁止安排城镇开发项目的地区（禁建区）和不宜安排城镇开发项目的地区（限建区）	北京
绿带	法定	划分绿化隔离区域并打桩确定	伦敦、巴黎
城市增长边界	法定	划分城镇发展的边界，界线内是城市发展区，界线外是农村地区	波特兰
绿道	非法定	保护环境和开放空间，并使人容易接近	新英格兰地区
绿色基础设施	非法定	人类社会的自然支撑系统，以及维护城市生态安全的关键性格局，强调空间网络结构的完整性和生态系统服务功能的综合性	美国
生态基础设施	非法定	维持土地生命系统的基础性结构，将生态系统的各种服务功能整合在统一的景观格局中，并落实在用地空间上，作为城市建设的禁止区域	台州
非城市建设用地	非法定	相对城市建设用地而言	杭州
主体功能区	非法定	基于不同区域的资源环境承载能力、现有开发密度和发展潜力等，将特定区域确定为特定主体功能定位类型的一种空间单元，分为优化开发、重点开发、限制开发区（含农产品主产区、重点生态功能区2种）、禁止开发区	—
生态功能区	非法定	从国土区划的角度，划分出能提供生态系统服务功能，维护生态安全的关键区域	大小兴安岭

城市基本生态控制区与以上概念虽然各有侧重，但联系紧密（表1-1）。几个概念均是限制作为城市建设的区域，只是禁限建区的综合性、深度在不断推进，如北京编制的限建区规划包括110多种限制要素，对所有需要控制建设的区域基本进行了全覆盖（李博，2008）。而从景观生态学理论衍生而来的生态基础设施更侧重生态过程的连续性、景观格局的完整性及生态价值的优先性。城市"四线"是从单一禁止建设的要素来阐述。主体功能区与生态功能区均是基于国土区划的理念，主体功能区对整个国土区域根据其主导功能进行划分，生态功能区则是根据其生态系统服务功能进行划分。基本生态控制区在空间上

位于禁限建区及生态功能区内，在内部属性上，与绿色基础设施、生态基础设施一致。但与这些概念不同，城市基本生态控制区主要强调两个方面：一是基于城市规划理念，处于城市规划区范围内，是限制城市蔓延的工具；二是基于生态规划理念，对维系城市生态安全格局具有关键作用的区域进行保护，强调空间网络结构的完整性和生态服务功能的综合性。

1.2.4 保护性利用的概念

保护性利用是一个广泛运用于历史文化遗产保护上的概念，是指在不危害保护对象的基础上进行合理利用，同时以不影响可持续利用为目的，进行基础保护工作，即以保护为基础的合理利用。本书借鉴该概念，探索城市基本生态控制区在保护的基础上合理利用的规划方法。

1.3 研究体系的设计

1.3.1 研究内容

本书致力于探索在城市基本生态控制区范围划定后其保护性利用规划路径，以促进其可持续的管控。本书结合当前国内外城市基本生态控制区的相关理论与实践，从物质空间规划层面，在进行研究综述和现状实践分析的基础上，构建城市基本生态控制区保护性利用规划的理论框架，并探讨城市基本生态控制区保护性利用规划的技术路径，最后以武汉市为例，对本书提出的理论框架和技术路径进行案例研究。主要研究内容如图 1-1 所示。

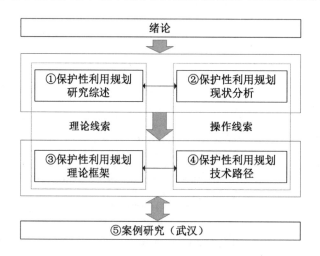

图 1-1　研究内容框图

1.3.1.1 保护性利用规划的研究综述

梳理国内外与城市基本生态控制区相关的概念及发展历程，对其保护性利用规划有关的研究成果进行综述，解析国内外城市基本生态控制区保护性利用规划的研究现状及未来的发展趋势。

1.3.1.2 保护性利用规划的现状研究

选择国内与城市基本生态控制区相似区域保护性利用规划的实例,如杭州、成都、香港、北京等,研究其保护性利用规划的具体做法,分析其在实施操作过程中的经验和教训,为制定城市基本生态控制区保护性利用规划的理论框架和技术路径奠定基础。

1.3.1.3 保护性利用规划的理论框架

以保护性利用规划的研究综述及现状研究为基础,探讨适合中国国情的保护性利用规划的理论框架。该部分基于两条主线展开,一是基于生态资源保护的主线,保护生态敏感区域,优化景观格局,提升生态系统服务的价值,强调城市基本生态控制区的生态资源保护;二是基于生态资源利用的主线,城市基本生态控制区并不是均质的区域,本身具有利用价值,可赋予多样化的功能,强调城市基本生态控制区的生态资源利用。传统的保护与利用之间是平行关系,两者之间缺乏交集,本书引入一般均衡理论,构建城市基本生态控制区保护与利用耦合的交叉框架,在保障城市基本生态控制区生态功能的前提下,实现对其保护性利用,最终达到可持续的管控目的。

1.3.1.4 保护性利用规划的技术路径

在本书建立的保护性利用规划理论框架的指导下,探讨城市基本生态控制区保护性利用规划的技术路径,从生态资源评价、保护与利用评估、保护性利用规划3个方面,将城市基本生态控制区的保护与利用结合起来,通过积极、可持续的管控,为解决当前城市基本生态控制区实施中面临的问题提供参考。

1.3.1.5 保护性利用规划的案例研究

当前,武汉市正处于快速城镇化的转型时期,一方面武汉着眼构建国家中心城市,大力推进新型工业化、城镇化,城市面临高速发展的空间扩张需求;另一方面,城市也面临着"摊大饼"式无序蔓延的现实,生态资源保护压力重重。在当前中国大城市快速城镇化过程中,武汉具有代表性,因此,以武汉为案例来进行保护性利用理论框架和技术路径的案例研究更具说服力,示范作用显著,其城市基本生态控制区保护性利用规划的经验对于中部大城市乃至全国的城市可持续发展都具有深远的意义和重要的研究价值。

1.3.2 技术路线

1.3.2.1 遵循"提出问题—分析问题—解决问题—案例研究"的思路

研究遵循"提出问题—分析问题—解决问题—案例研究"的思路(图1-2),首先提出研究问题,明确研究目标,探寻研究思路;然后通过对国内外已有理论研究及现有实践的分析,研究当前既有研究的现状和趋势以及实践的经验和教训;再根据以上问题研究,从理论和操作2个层面探寻解决问题的途径;最后以武汉市为例,验证理论框架和技术路径的适宜性。

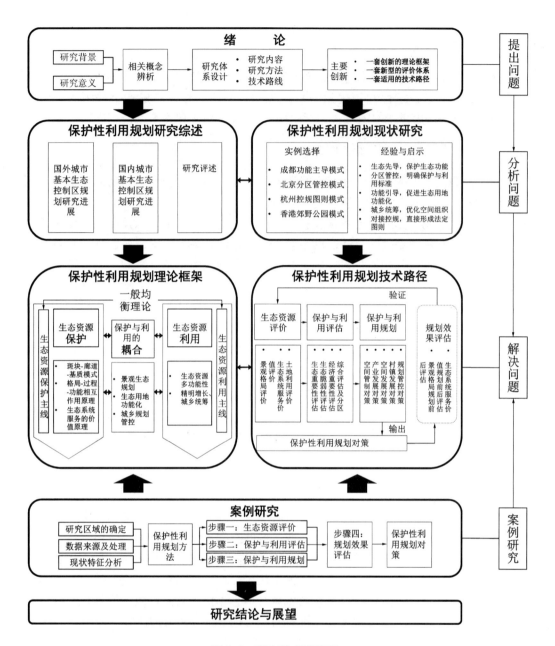

图 1-2　研究技术路线图

1.3.2.2　两条研究主线贯穿全书

在分析问题和解决问题过程中，两条研究主线始终贯穿全书：

一是生态资源保护主线，从景观生态学角度，保护景观资源和生态敏感地区，保持城市生态系统景观结构完整性，维护区域生态安全；

二是生态资源利用主线，从城乡规划学角度，提出生态用地空间利用及管控的方式方法。

两条主线之间，通过一般均衡理论，以景观生态规划为桥梁，促进保护与利用的协调，寻求经济、社会、生态等综合效益的最大化，最终达到城市基本生态控制区保护与利用有机融合、相互依存、共生共荣的目的。

1.3.3 技术方法

1.3.3.1 工作平台及总体方法

搭建 GIS 的工作平台：以 ArcGIS 软件为平台，充分利用 GIS 强大的空间分析、数据处理、可视化的分析结果输出能力，作为城市基本生态控制区保护性利用规划的基础工具和信息平台，在生态资源评价、生态重要性评估、生态脆弱性评估、经济重要性评估中进行运用，并输出直观的数据及图像。

总体方法：定性与定量相结合。在理论框架及技术路径研究中，均采用定性与定量相结合的方法，以定性的手段分析内在的机理，以定量的手段建立量化的指标体系，从而完善城市基本生态控制区保护性利用规划的理论框架及技术路径。

1.3.3.2 定量评估技术与方法

1. 景观格局评估

采用景观格局指数法，利用 GIS 技术将矢量的土地利用现状图栅格化及重分类，运用 Fragstats 软件，选取斑块数量（NP）、斑块比例（PLAND）、景观形状指数（LSI）、边界密度（ED）、最大斑块指数（LPI）、平均斑块面积指数（AREA_MN）、蔓延度指数（CONTAG）、散布与并列指数（IJI）、景观连通度指数（COHESION）、香农多样性指数（SHDI）等代表性指标，计算得出不同景观格局指数，分析城市基本生态控制区景观格局特征。具体计算方法见 5.1.2 节。

2. 生态系统服务的价值评估

采用科斯坦萨等提出，经诸多学者改进的直接市场价值法，计算出某区域内不同类型土地面积与该类型土地单位面积的生态系统服务价值系数的乘积的和，即为该区域生态系统服务产生的价值。具体计算方法见 5.1.3 节。

3. 生态重要性评估

基于景观生态学原理中生态用地的"垂直"属性特征，借助数学模型方法，分别计算各单因子的生态重要性，再采用多因子叠加分析方法，得出生态系统中能提供较高生态系统服务价值的关键要素。具体方法见 5.2.1 节。

4. 生态脆弱性评估

基于景观生态学原理中生态用地的"水平"属性特征，根据景观生态学的过程-格局相互作用原理，采用景观安全格局构建方法，首先找出研究范围的生态"源"地，然后利用最小累积阻力模型，确定阻力值，建立最小阻力面，形成最小阻力成本路径，最后进行生态脆弱性地段综合识别，以构建景观生态安全格局。具体方法见 5.2.2 节。

5. 经济重要性评估

采用多因子叠加分析方法，从自然条件支撑力、现状土地覆盖支撑力、上位规划促进力、交通设施吸引力四个方面，进行经济重要性评估。具体方法见 5.2.3 节。

1.4　研究意义

1.4.1　方法论意义

本书构建了城市基本生态控制区保护性利用规划的技术路径，并以武汉为例进行了案例研究。该研究不但为新型城镇化及生态文明建设背景下城市基本生态控制区的保护提供了具体的方式方法；还为促进我国对基本生态控制区保护理念由消极控制向积极引导转变，由经验型管理向科学型管理转变、由定性型管理向定量型管理转变起到了较好的推动作用。因此，本课题具有重要的方法论意义。

1.4.2　理论意义

本书构建的城市基本生态控制区保护与利用的理论框架，将景观生态学的生态资源保护与城乡规划学的生态资源利用相互交叉耦合，搭建了城市基本生态控制区生态保护与物质空间规划之间的桥梁，明晰了保护性利用规划的路径，而这些正是我国在划定城市基本生态控制区后，迫切需要解决的理论问题。同时，本书是景观生态学及城乡规划学的交叉研究，无论是对景观生态学还是对城乡规划的理论拓展，都具有一定的贡献。因此，本研究具有重要的理论意义。

1.4.3　实践意义

随着本研究的深入，将解决"简单的一抹绿色"、单纯依靠行政手段消极保护城市基本生态控制区不受蚕食带来的经济与社会方面的压力，在保障其生态功能的前提下，通过赋予多样化的功能，既能提升其经济价值，又便于解决基本生态控制区的发展、村民就业等问题，具有显著的实践意义。

1.5　本章小结

城市基本生态控制区是在生态文明建设及新型城镇化背景下，为解决传统粗放式城镇化模式带来的资源、环境问题而划定的城市生态保护的底线，是维系城市生态安全的关键要素。然而，传统城镇规划过多关注的是对建设用地在功能、结构、用途、建设指标上的引导和控制，对作为非建设用地的城市基本生态控制区，则少有相对清楚的表述和明确的控制要求。在城市基本生态控制区划定后，由于缺乏相应的保护与利用策略，传统消极被动的保护思路使得生态用地被侵占现象时有发生，如何采取前瞻主动的思路，变消极的控制为积极的引导，促使其得到切实的保护，成为城市基本生态控制区划定后急需解答的理论与实践问题。

本章从该研究背景出发，针对当前中国城市基本生态控制区在实施过程中所面临的困境与挑战，从物质空间规划层面，提出保护性利用规划是对其积极有效保护的路径之一，对其进行深入研究具有重要的理论及实践意义。由此，本章在对城市基本生态控制区相关概念辨析的基础上，对本书的研究内容、拟采用的技术方法、全书的技术路线进行了阐述，最后分析了研究的意义。

2 城市基本生态控制区保护性利用规划国内外研究综述

城市是一个典型的复杂的巨系统（Tang，2004；李咏华，2011），作为保障城市基本生态安全的城市基本生态控制区的保护性利用，是一个涉及生态、经济、社会、空间等诸多方面，且交叉性、复合性、实践性程度均较高的区域。本章旨在全面了解国内外已有的与城市基本生态控制区相关的基本理论及最新研究进展的基础上，结合中国大城市的自身特征，为城市基本生态控制区保护性利用规划的理论与实践探索奠定坚实的基础。

2.1 国外与城市基本生态控制区相关研究及实践进展

2.1.1 国外城市基本生态控制区的研究历程

纵观全球，国外尚未有明确的"城市基本生态控制区"的概念，但与之相关的城市规划理论及实践探索从19世纪中期的美国的城市公园运动（Park System，简称PS）到20世纪90年代末期提出的绿色基础设施（Green Infrastructure，简称GI），与城市基本生态控制区相关的规划思想一直受到重视。总的来说，国外与城市基本生态控制区相关的理念提出分为3个阶段：第一阶段是以构建美好城市环境为目标、建设城市公园及都市公园系统为代表的先驱探索；第二阶段是随着城市空间蔓延现象成为世界性普遍现象（Antrop，1998；Hammer，2004；Schulz and Dosch，2005；Siedentop，2005），以限制城市蔓延为核心，20世纪30年代，英国伦敦提出的绿带政策，20世纪70年代，美国提出的城市增长边界（Urban Growth Boundary，简称UGB）；第三阶段是精明增长与精明保护相结合、强调生态安全的绿色基础设施（表2-1）。

国外与城市基本生态控制区相关的理念及内涵 表2-1

阶段	概念	提出时间	核心理念	典型事件	代表城市
美化城市环境	城市公园及公园系统	19世纪中期	美化城市环境	1858年，纽约中央公园，美国第一个城市公园； 1880年，波士顿开敞空间体系实践	美国纽约、波士顿
	都市公园系统	19世纪末期	美化城市环境、保护区域自然景观	1891年，公共保留地托管委员会成立； 1893年，波士顿大都市公园委员会成立； 1893年，波士顿大都市公园体系建立	美国波士顿、西雅图

阶段	概念	提出时间	核心理念	典型事件	代表城市
控制城市蔓延	绿带	20世纪30年代	环绕城镇建成区与乡村之间的开敞地带，限制城市蔓延	1929年，大伦敦区域规划委员会成立； 1933年，提出设置大伦敦绿带； 1938年，《绿带法案》颁布； 1942年，大伦敦规划中划定绿带； 1947年，《城乡规划法案》颁布； 1955年、1957年，英国Minister's Green Belt Circular第40号、50号通告分别颁布； 1988年，英国颁布《绿带规划政策指引》（PPG2），并于1995年修订； 2011年，《国家规划政策框架修订草案》出台	英国伦敦、法国巴黎、俄罗斯莫斯科
	城市增长边界	20世纪70年代	设置屏障和界限以防止城市无序蔓延，引导城市空间增长，保护自然区域	1973年，美国俄勒冈州土地利用法案颁布； 1977年，俄勒冈州波特兰市建立城市增长边界； 1990年，美国华盛顿州增长管理法案确定	美国波特兰
城市精明保护	绿色基础设施	20世纪90年代	将土地开发与生态保护结合起来，以网络结构高效解决生态保护问题的精明保护策略	1991年，美国马里兰州绿道体系建设作为GI前身； 1994年，佛罗里达州绿道规划； 1995年前后，马里兰州GI规划； 1998年佛罗里达州出台生态网络规划与游憩和文化网络规划，与1994年的绿道共同构成GI； 1999年美国总统可持续发展委员会正式提出GI； 1999年8月，美国保护基金会和农业部森林管理局组织成立"GI工作小组"，明确了GI定义； 2001年，马里兰绿图计划（Green Print Program）识别GI； 2001年，美国东南部8个州编制完成东南区生态框架规划（李开然，2009）； 2013年，欧盟委员会发起"GI——提高欧洲的自然资产"战略	美国马里兰州、新泽西州

2.1.1.1 基于美化城市环境的探索

20世纪80年代前后，美国进入城市化、工业化的高速发展时期，大量的移民从欧洲、乡村涌入城市，导致城市人口急剧增加，从1880～1890年，城市人口比例从28.2%上升到39.7%（侯深，2009），10年间增加了11.5%。与此同时，快速城市化、工业化带来的各种社会问题接踵而至：城市的崛起割裂了人与自然的亲近关系，瓦解了田园牧歌式的乡村生活；百年前荒野的土地上弥漫着工业化带来的烟尘；"城市森林"般的摩天大厦林立；市政环卫、污水处理、垃圾转运等城市基础设施破败不堪（侯深，2009）。在此背景下，城市的主流——中产阶级的浪漫主义怀旧情结开始宣泄，出现了"回归自然运动"[①]、"环境保护运动[②]"等思潮，中产阶级迫切期望进行改革，而城市环境改良正是改革中的重要内容。其中，美国"景观设计之父"奥姆斯特德（Frederick Law Olmsted）和"波士顿开放空间系统之父"艾略特（Charles Eliot）以及他们的拥护者是这批改革者的中坚人物（Tishler，1989）。他们倡导美化城市环境，在钢筋混凝土的城市保留、恢复、整理自然，以恢复人与自然的和谐关系。

1858年，在奥姆斯特德和沃克斯（Calvert Vaux）的竭力倡导下，曼哈顿岛上诞生了美国第一个城市公园——纽约中央公园。随着该公园的诞生，社会各界普遍认同了城市公园的价值，认为它为城市居民带来了一片清新、安全、怡人的绿洲，对保障公众健康、促进土地增值等具有重要作用。

然而，早期的城市公园多处于密集的建筑群中，绿色"孤岛"式的布局使其显得十分脆弱。为突破这一格局，1880年，奥姆斯特德在主持波士顿公园体系规划时，提出了著名的波士顿"翡翠项链"，即利用60～450m宽的带状绿化将城市中孤立的由河谷、台地、山体等自然资源组成的城市公园串联起来，形成完整、连续的公园系统，作为城市永久的绿色开敞空间。该体系一经形成即取得了成功，对城市绿地系统理论的发展产生深远的影响，很快在西雅图、华盛顿、堪萨斯城、辛辛那提等城市的绿地系统建设中被广泛运用，通过构建完整的城市开敞空间系统，形成对美好城市环境的最初实践。

随着年龄的增大，奥姆斯特德逐渐淡出设计舞台，他的学生艾略特将他的思想进一步完善和发展，并运用到波士顿大都会。1893年，大都市公园委员会（the Metropolitan Parks Commission）在波士顿成立。相应的，艾略特在环绕波士顿的12个城市和24个镇之间，通过保护整个都市区域的自然景观，形成了美国历史上第一个大都市公园系统——波士顿大都市公园系统（the Boston Metropolitan Park System）。经过百余年的发展和经营，波士顿大都市公园系统一直保留、发展下来，为城市提供了约80km^{2}的开敞空间，成为华盛顿特区、西雅图、芝加哥等城市竞相效仿的典范。

都市公园系统具有都市性（Metropolitan）、自然性（Natural）、专业性（Professional）和民主性（Democratic），它的出现是部分进步主义改革者对城市化、工业化过程中带来的

---

① "回归自然运动"由历史学家彼得·施米特（Peter Schmit）提出。
② "环境保护运动"作为一个专有名词出现于20世纪六七十年代，然而在19世纪下半叶美国社会所酝酿的保护自然与人类生存环境的运动已具有现代环保运动的基本内容。在这场运动中间，美国开始反思人口增长以及工业化与城市化对自然环境的破坏，抵抗工业污染与城市生活为人类生存环境带来的压力，并强调对自然之美的欣赏和保留。在当时并无一个专有的名词对之加以界定，因此，侯深（2009）在《自然与都市的融合》一文中，使用"环境保护运动"一词来涵盖这场运动所涉及的各个方面。

各种矛盾的反思，是当时美国环境保护运动的一部分。其核心思想是在保证自然资源自身特点的前提下，对自然资源进行文明管理与保护，最终实现城市与自然的和谐。

2.1.1.2 基于控制城市蔓延的策略

绿带是环绕城市周边的一种物质性开敞空间（Physical Area of Open Space）（Bengston et al.，2006），它由国家公园、农田、河流、林地、山体、小型村镇、公墓等开敞用地构成。第二次世界大战后，随着世界形势的趋缓，许多国家的经济和科技在经过战后的恢复建设后都进入了高速发展期，但是低密度、零散或者蛙跳形式的城市蔓延成为普遍现象（Heim，2001；Burchell 等，2002），控制城市蔓延已经成为全球性问题（张庭伟，1999）。绿带作为阻止城市蔓延的政策工具，在世界现代城市规划史中占有重要的地位，特别是伦敦城市规划的绿带模式影响深远，被世界上许多城市争相效仿。过去 100 年英国伦敦规划的基本原则，就是通过环城绿带限制城市扩张（邓肯，2013）。

英国的绿带规划设想最早可追溯到 16 世纪的卫生防护隔离带。早在 1580 年，英国伊丽莎白女王发布公告，为阻止瘟疫和传染病的蔓延，在伦敦周围设置一条 3km 宽，禁止一切新建房屋计划的隔离地区（Thomas，1970）。1898 年，由英国社会学家霍华德提出的田园城市理论，被公认为绿带政策的理论根源（汪永华，2004；Amati et al.，2006；李博，2008；温全平等，2010；杨小鹏，2010）。当时，田园城市理论还只是一个抽象的理想城市模式，但在霍华德及其追随者的推动下，不断付诸实践，如 1909 年，按照田园城市理论建设的第一个城市莱奇沃思（Letchworth Garden City），在新城建设的同时购买了 500hm² 的农业用地作为希钦（Hitchin）和鲍尔多克（Baldock）之间的隔离带（Elson，1986；Amati et al.，2006）。之后，由田园城市理论演化而来的卫星城、新城理论和绿带政策均影响深远（杨小鹏，2010）。

20 世纪 30 年代左右，绿带成为英国伦敦控制城市蔓延的政策工具。1927 年，成立了大伦敦区域规划委员会。1929 年，在大伦敦区域规划委员会下，成立了专门探讨伦敦的疏解、开敞空间建设以及设置环伦敦的永久性农业带可行性的分支机构。1933 年，霍华德田园城市的追随者昂温作为委员会的顾问提出了伦敦绿带（Green Girdle）的规划方案，建议设置一条呈环状围绕在伦敦城区周围，宽 3~4km，以公园、运动场、自然保护区、农田、苗圃等为主的绿化带。1935 年，大伦敦规划委员会发表了第一份修建绿带的政府建议（London County Council's Green Belt Scheme），确定了伦敦绿带的基本思想。1938 年，第一份绿带立法——"绿带法案"（Green Belt Act）由英国议会通过。1942~1944 年间，阿伯克隆比（Abercrombie）主持编制了著名的大伦敦规划，从伦敦中心半径约 48km 范围内，设置环状绿带，保持原有小镇自然风光特色，既作为伦敦市的农业和休闲游憩地区，又有效限制主城的无限扩展。1947 年英国颁布了"城乡规划法案"（Town and Country Planning Act），要求进行土地开发建设前必须先获得政府颁发的规划许可，同时要求地方发展规划中必须包含绿带规划内容，该法案的颁布为绿带的实施奠定了法律基础。大伦敦规划及城乡规划法案颁布后，绿带才真正具备了实施的条件。

1955 年英国房屋和地方政府部（MHLG）发布了第 42 号绿带通告（1955 Minister's Green Belt Circular 42/55），规定地方当局在编制发展规划时需包含绿带规划内容。英国其他大城市如伯明翰、剑桥等均纷纷设置了不同规模的环城绿带。1957 年的第 50 号通告

（1955 Minister's Green Belt Circular 50/57）进一步规范和完善了绿带规划内容及编制方法。1988 年颁布、1995 年修订的绿带规划政策指引（PPG2：Plan Policy Guidace 2：Green Belt）详细规定了绿带的作用、土地用途、边界划分和开发控制要求等，是各级政府进行日常规划管理的重要参考依据。从 20 世纪 40～70 年代，绿带政策一直是英国新城建设和战后规划时期的主要特征，即使是在英国保守党政府废除大量法定规划程序的 20 世纪 80 年代，绿带政策依然被保留下来。2011 年 7 月，英国《国家规划政策框架修订草案》进一步指出，"绿带"的根本目的一是通过永久的开敞用地防止城市蔓延，二是为市民提供休闲游憩的开敞空间。

据统计，英格兰目前有 14 个城市绿带，绿带面积总计 16521km²，约占整个英格兰版图面积的 12.8%，其中伦敦绿带面积 5129km²，是英格兰面积最大的绿带（图 2-1、表 2-2）。

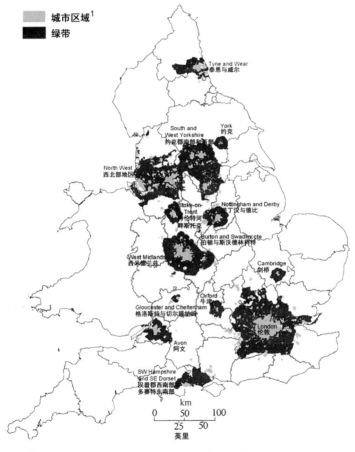

图 2-1　英格兰 14 个城市绿带分布图

来源：Amati M. & Yokohari M.，2006

二战后，为限制城市蔓延，全球许多国家和地区均学习和借鉴了伦敦的绿带政策，绿带作为一种控制城市增长管理的政策手段，在世界范围内得到了广泛的应用和发展。在东亚，日本于 1955 年开始研究制定首都圈规划，为防止城市蔓延，在内圈市区地带外缘的近郊地带设置了 5～10km 的绿带。在韩国，20 世纪 70 年代将绿带作为全国总体空间规划中的重要内容进行推广，目前首尔等 33 个城市采取了该政策。在欧洲，巴黎、柏林、莫斯科、法兰克福、奥克兰（Rowe，2012）等均规划与建设了环城绿带。

英格兰绿带面积统计表 表2-2

序号	名　　称	面积（hm²）		
		1997 年	2000 年	2003 年
1	Tyne and Wear 泰恩与威尔	53350	66330	52500
2	York 约克	25430	16190	25400
3	South and West Yorkshire 约克郡南部和西部	249240	255620	252800
4	North West 西北部地区	253290	257790	251700
5	Stoke-on-Trent 特伦特河畔斯托克	44090	44080	44100
6	Nottingham and Derby 诺丁汉与德比	62020	61830	62000
7	Burton and Swadlingcote 伯顿与斯沃德林柯特	730	730	700
8	West Midlands 西米德兰兹	231290	231530	230400
9	Cambridge 剑桥	26690	26690	26700
10	Gloucester and Cheltenham 格洛斯特与切尔滕纳姆	7030	7030	7000
11	Oxford 牛津	35010	35000	35100
12	London 伦敦	513420	513330	512900
13	Avon 阿文	68660	68780	68500
14	SW Hampshire and SE Dorset 汉普郡西南部与多赛特东南部	82340	82500	82300
合计		1652590	1667430	1652100

来源：根据 Office of the Deputy Prime Minister（2003）等资料整理。

绿带政策在欧洲得到了广泛运用，在北美，城市增长边界（UGB）则是美国控制城市蔓延发展最成功的一种技术手段和政策工具（张庭伟，1999；Dempsey et al.，2013；Kim，2013）。UGB 不是物质空间，而是区分城市发展建设区域和乡村区域的界线，界线以内是城市发展区，界线以外是农村地区（Gennaio et al.，2009）。

20 世纪中叶以来，美国汽车导向（Auto Oriented Development，AOD）的土地利用模式致使城市蔓延现象日益严重（表2-3）。当时，美国的规划学者和城市管理者认识到尽管伦敦早期的绿带政策对于控制大伦敦建成区的蔓延确有成效，但是紧邻绿带以外的地区却发展很快，利用环形绿带来限制城市的发展是不现实的。城市增长边界的划定试图将城市发展集中在城市增长边界范围内，政府不提供边界以外的基础设施和公共服务（Kelly，2000），通过这种方式控制城市无序蔓延，保护农地和林地免于被城市蔓延发展吞噬（冯科等，2008；丁成日，2012）。与英国的绿带不同，城市增长边界的作用不仅设置了防止城市无序蔓延的界限，划出供市民休闲游憩的自然保护区域，更关键是为城市未来的潜在发展提供合理的疏导，这是"城市增长边界"概念的核心。

美国城市增长边界发展的重要历程一览表　　　　　　　　　　表 2-3

时　间	区　域	典　型　事　件
1973 年	俄勒冈州	俄勒冈州土地利用法案确立，设定第一条城市增长边界
1977 年	波特兰市	提出建立城市增长边界（1980 年州政府通过）
1990 年	华盛顿州	华盛顿州增长管理法案确立
1995 年	华盛顿州克拉克郡	引进城市增长边界

来源：Bae，2001。

城市增长边界的概念最早诞生于 1958 年美国列克星顿市（Lexington City）规划，而后成为城市增长管理的主要工具之一（李博，2008）。UGB 在美国最为盛行（Wassmer，2002），华盛顿州、俄勒冈州、缅因州和田纳西州等均要求地方政府在编制城市总体规划时，必须划定城市增长边界。到 1999 年，全美超过 100 个城市和乡村采取了城市增长边界政策，3 个州（俄勒冈州、华盛顿州和田纳西洲）已经通过全州范围内针对城市增长边界的法案（Staley et al.，1999）（表 2-3）。绿带和城市增长边界划定后均不是静止不变的，而是根据新的需求进行调整，大多数城市调整的频率在 10～20 年（Bengston et al.，2004）。

目前，城市增长边界在全球许多国家，如沙特阿拉伯（Mubarak，2004）、英国（Gunn，2007）、瑞士（Gennaio et al.，2009）、伊朗（Tayyebi et al.，2011a；Tayyebi et al.，2011b）、葡萄牙（Lopes et al.，2011）、比利时（Boussauw，2013）等被广泛运用。

2.1.1.3　基于城市精明保护的策略

20 世纪 90 年代，一种以绿色基础设施（Green Infrastructure，简称 GI）为代表，保护与发展相结合的"精明保护"理论逐渐形成。GI 是由网络中心（Hubs）与连接廊道（Links）组成的自然与人工化的绿色空间网络（Williamson，2003；吴伟等，2009）（图2-2），保护自然生态系统的价值和功能，保障人类和生物的生态安全是 GI 设置的目的。与绿道相比，GI 更强调生态价值、网络中心

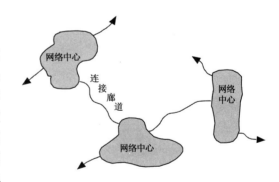

图 2-2　绿色基础设施结构示意图
来源：Williamson，2003

作用和塑造城市形态的功能（李博，2008）；与自然保护区相比，GI 更注重维护生态系统整体价值和功能，平衡自然生态资源保护与人类开发活动的关系（Benedict et al.，2006；Tzoulas et al.，2007）。GI 将土地开发与生态保护结合起来，以网络结构来高效解决生态保护问题，并且通过评价生态保护优先级确保生态保护规划有计划、分阶段地实施，它被证明可有效解决城市生态环境问题（裴丹，2012；王静文，2014）。

1999 年 5 月，美国总统可持续发展委员会（President's Council on Sustainable Development）在《可持续发展的美国——争取 21 世纪繁荣、机遇和健康环境的共识》（Towards a

Sustainable America-Advancing Prosperity，Opportunity，and a Healthy Environment for the 21st Century）报告中，正式提出 GI 概念，将其作为指导可持续土地利用与开发，保护自然生态系统的战略措施（U. S. Government Printing Office，1999）。1999 年 8 月，美国保护基金会（Conservation Fund）和农业部森林管理局（USDA Forest Service）联合组织成立"GI 工作小组"（Green Infrastructure Work Group），首次提出 GI 的定义："GI 是我们国家的自然生命支持系统（Nation's Natural Life Support System）——一个由水道、湿地、森林、野生动物栖息地和其他自然区域，绿道、公园和其他保护区域，农场、牧场和森林，荒野和其他维持原生物种、自然生态过程和保护空气和水资源以及提高美国社区和人民生活质量的荒野和开敞空间所组成的相互连接的网络。"总的来说，GI 的特征为：能适用不同尺度与规模；国家自然生命支持系统；整体性精明保护策略。

近年来，GI 在引导可持续的土地利用规划方面被普遍运用（Ahern 2007；Mazza et al. 2011）。在美国，马里兰、马萨诸塞、康涅狄格、新泽西、佛罗里达等地区均相继开展了 GI 规划，尤其以 2001 年马里兰州的"绿图计划"（Green Print Program）影响最大。马里兰州的"绿图计划"更偏重生物保护功能①，佛罗里达州的 GI 由生态、文化游憩两类网络组成，新泽西州的 GI 规划综合考虑了其生态、美学、文化和游憩价值。当前，GI 已经成为美国规划设计界的研究热点之一，也是美国景观设计师协会（ASLA）2008 年、欧洲风景园林协会 2011 年、爱尔兰景观设计学会 2012 年的研讨主题。

继美国之后，绿色基础设施的概念随之传入欧洲。欧盟的环境政策将 GI 作为一种规划方案在不同的空间尺度广泛运用（Lafortezza et al. 2013；Hansen et al. 2014）。如 2005 年英国东伦敦地区的绿色网格规划（ELGG）、2007 英国东北部的蒂斯谷（Tees Valley）绿色基础设施战略规划、2008 年英国西北部地区的绿色基础设施规划导则、英国曼彻斯特城市核心的绿色基础设施（Mell et al. 2013），以及爱尔兰地区的绿色基础设施政策（Lennon，2014）等，均是对绿色基础设施规划的有益探索。2013 年，欧盟委员会发起了名为"绿色基础设施——提高欧洲的自然资产"（Green Infrastructure-Enhancing Europe's Natural Capital）的战略，GI 被定义为一种"战略性的自然及半自然的规划网络，以提供大量生态系统服务"（European Commission，2013）。

在全球其他区域，GI 也被广泛运用，如位于南非东部的约翰内斯堡（Schaeffler，2013b），澳大利亚的绿色网络（Schaeffler，2013a；Kilbane，2013）等。

2.1.2 国外城市基本生态控制区的功能转变

2.1.2.1 单一功能向多元复合功能转变

经过 70 多年的发展，无论是对绿带，还是对绿色基础设施，许多学者均认为其具有文化、生态、生产等复合功能（Pauleit et al. ，2011；Lovell & Taylor，2013，Madureira et al. ，2014），城市基本生态控制区的功能从传统单一功能，向多元复合功能转变。如 2002 年，英国城乡规划协会和皇家城镇规划学会均强调绿带需要注入更多的功能（Town and

---

① 马里兰州自然资源部已制定保护农田、林地和自然文化资源的乡村遗产计划，故其绿图计划主要偏重生物保护功能。

Country Planning Association，2002；Royal Town Planning Institute，2002），绿带由最初的卫生防护隔离功能逐步向作为公共游憩的开敞空间多元复合的功能转变。

马克、凯姆拜茨等学者（Mark & Edward，2002；Kambites & Owen，2006；Natural England，2010；刘孟媛，2013）通过对英国、美国、爱尔兰、加拿大等不同国家绿色基础设施规划的功能进行对比，结果发现各规划均充分体现了绿色基础设施具有功能多元化的特点，且兼顾了人类与生物栖息生存的双重需求，通过对以上案例归纳总结，他们认为绿色基础设施可提供的功能包括景观保护与强化、提供栖息地等19个类型的功能，见表2-4。

绿色基础设施功能对比一览表　　　　　　表2-4

国　家		英国	英国	美　国			爱尔兰	加拿大
名　称		贝德福德郡和卢顿地区绿色基础设施规划	米德兰兹地区绿色基础设施规划	萨拉托加绿色基础设施规划	马里兰州绿色基础设施规划	波特兰绿色基础设施规划	绿色基础设施规划	绿色基础设施规划
1	景观的保护与强化	√	√	√	√	√	√	√
2	提供物种栖息地	√	√	√	√	√	√	√
3	娱乐、运动、冥想与休闲	√	√	√	√	√	√	√
4	能源生产与保护	√	√			√	√	√
5	食物生产与生产性景观	√	√	√			√	√
6	雨洪管理	√	√	√	√	√	√	√
7	控制城市热岛效应	√				√		
8	教育与培训资源的提供	√	√	√	√	√	√	√
9	提供公众参与机会	√	√	√	√	√	√	√
10	作为人类及野生动物的绿色通道	√	√	√	√	√	√	√
11	调节当地气候、缓解噪声污染、改善水与空气质量	√	√	√	√	√		√
12	提供丰富生物多样性机会	√	√	√	√	√	√	√
13	自然景观过程的维护	√	√			√		
14	保护历史文化遗产	√	√	√	√		√	√
15	区域特色的彰显	√	√	√			√	√
16	连接城镇与乡村地区	√	√	√			√	
17	提供更多就业机会	√				√		√
18	营造场地感	√	√	√			√	√
19	维护工作景观及其所具有的特有属性			√	√			

来源：刘孟媛，2013。

综合国外已有文献，关于城市基本生态控制区的功能，主要有以下几种分类：

（1）按照社会属性进行分类（Pauleit，2011；Lovell and Taylor，2013），并在各大类的基础上进行进一步细分。如洛弗尔和泰勒（Lovell & Taylor，2013）将绿色基础设施功能分为文化、生态、生产功能3大类15小类；保莱特（Pauleit）等将绿色基础设施分为生态、社会、经济3大功能。

（2）按照生态属性进行分类，如埃亨（Ahern，2007）从非生物功能（abiotic）、生物功能（biotic）、文化功能3个方面进行分类。

（3）按照生态系统服务进行分类。目前较为通用的生态系统服务分类为联合国组织2005年发布的《千年生态系统评估》（Millennium Ecosystem Assessment，MA）提出的4大分类：①供给服务；②调节服务；③文化服务；④支持服务。部分文献将生态系统服务分类直接作为绿色基础设施的功能分类（Mazza，2011；Lovell and Taylor，2013），但是由于生态用地的功能和服务的概念及内涵并不一致，所以，也带来了一些理解上的问题。

（4）按照量化关系进行分类：①非量化功能，在规划流程设计、规划实施、基础设施建设与管理过程之中提供的不可具体量化的功能，如提供教育与培训功能、公众参与机会功能等；②可量化功能，可以借助当前已经较为成熟的评价手段而得到量化结果的一些功能，如雨洪管理等，该方法可使规划工作者清楚地了解各功能的物质空间分布特征，为随后生态网络节点及廊道的选取和布局提供依据。

以上各种分类均是从广义的角度对城市基本生态控制区的功能进行定义，涵盖了土壤的开发过程、物种迁徙的支持到娱乐休闲活动等各个层面（Ahern，2007；Llausas & Roe2012）。

2.1.2.2 强调生态系统功能、服务与效益的关系

当前，以挖掘和提炼城市基本生态控制区中自然资源的多重功能和效益，促进生态保护和发展的协调，尤其是通过多功能的绿色基础设施的构建，以提升城市基本生态控制区生态系统服务的研究成为当前的热点（Lovell & Taylor，2013；Madureira et al.，2014；Andersson et al.，2014；Hansen et al.，2014；Wang et al.，2014）。

功能和服务的内涵是不同的，他们之间的区别可从生态系统服务研究中关于功能和服务的界定来分析。部分生态系统过程或功能可能在生态系统中至关重要，但它不能直接为人所用，如土壤构造；而服务则是要求人类能直接从中获取效益（Fisher，2009）。海恩斯-扬、波钦（Haines-Young 及 Potschin，2007）和德格罗特（de Groot，2010）提出的生态系统级联模型（Cascade Model）清晰地阐述了生态系统功能、服务、价值之间的关系（图2-3）：生物物理结构或过程（如湿地或生物的净初级生产力）是功能的基础，功能是为人类提供服务的源头，只有通过服务才能获取价值或收益（比如公众愿意花费费用去保护湿地）。

功能和服务，一个是"源"，一个是"流"。生态系统服务来源于生态系统的功能，不同的生态功能提供不同的生态服务（Porras，2005）；生态系统中被利用的那部分生态功能就是生态服务，而因为被人类所利用了，所以产生相应的效益，具有"产品"的价值。

关于城市基本生态控制区的功能，许多学者进行了研究，如：凯姆拜坎和欧文（Kambites & Owen，2006）从生态、景观、教育、休闲等层面，认为绿色基础设施具有12项功能，产生相应的效益（表2-5）。ECOTEC（2008）对城市基本生态控制区的经济效益进

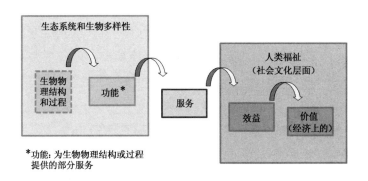

图 2-3 生态系统和人类福祉的级联模型

来源：Haines-Young，2010；de Groot，2010。

行进一步细分，将绿色基础设施产生的经济效益分为直接经济效益、间接经济效益、公共和私人部门直接的费用支出缩减、降低管理风险 4 大类，将与效益相对应的功能概括为缓解洪水灾害及水患管理、缓解气候变化、土地和不动产价值等 11 个方面。

绿色基础设施功能及产生相应效益的关系对照表　　　　　　　　　表 2-5

功　　能	效　　益
运动休闲、体育锻炼、冥想思考	改善身体和精神状态
教育、培训	培养青少年对自然世界的正确认知 提供各类训，例如传统工艺灌木作业
社区参与绿色空间的保护、创造、维护和使用	增强居民的社区意识 提高新老社区的融合 减少了犯罪和反社会行为 提高旅行和锻炼的机会
人类和动物的绿色通道	防止自然栖息地的破碎化
提供自然排水系统	降低洪水暴发的危险
降低噪声、调节气候、提高水及大气环境质量	提升人类及野生动物的生存环境
提供栖息地	提高生物多样性
提升景观环境	营建令人愉悦的生活环境
保护当地文化遗产	促进旅游并吸引商机和技术人才 提升认同感
创造独特的城市景观标识	提升城镇意象
城镇和乡村之间的连接通道	促进城乡的交互融合
提供环境友好的区域	提供就业岗位并增强地方经济

来源：Kambites & Owen，2006；周艳妮和尹海伟，2010。

洛弗尔和泰勒（Lovell & Taylor，2013）借助 GIS 技术，采用多功能景观评估方法（Multifunctional Landscape Assessment Tool，简称 MLAT），以公园为例，对公园内的草坪、植树的草坪、带铺装的场地、运动场、社区花园、停车场、小径 7 类设施进行文化、生态、生产 3 大价值的综合评价，结果表明综合价值从高到低依次为：社区花园 > 植树的草坪 > 草坪 > 运动场 = 小径 > 带铺装的场地 > 停车场（表 2-6）。

多功能景观评估方法在社区公园中的运用一览表 表 2-6

功能指标（分值 0~3）	草坪	植树的草坪	带铺装的场地	运动场	社区花园	停车场	小径
文化功能							
避难/交通	0	1	1	0	0	2	2
视觉效果/艺术	1	1	1	0	1	0	0
娱乐/休闲	2	1	1	3	1	0	2
历史保护	0	1	1	0	1	0	0
教育/研究	0	0	0	0	1	0	0
小　计	3	4	3	3	4	2	4
生态功能							
植物多样性	1	2	0	0	2	0	0
碳固存	1	3	0	0	1	0	0
水渗透/处理	1	2	0	1	2	0	0
野生动物栖息地	0	1	0	0	1	0	0
土壤保持/建筑	1	2	0	0	2	0	0
小　计	4	10	0	1	8	0	0
生产功能							
生产力/产量	0	0	0	0	1	0	0
生产质量/特性	0	0	0	0	3	0	0
产品多样化	0	0	0	0	3	0	0
输入效率	0	0	0	0	2	0	0
经济价值	0	0	0	0	1	0	0
小　计	0	0	0	0	10	0	0
总　分	7	14	3	4	22	2	4

来源：Lovell & Taylor，2013。

2.1.3 国外城市基本生态控制区保护性利用的规划方法

目前，总结国外既有的城市基本生态控制区保护性利用方法，主要有以下 3 种模式。

（1）基于生态重要性的分级保护。城市基本生态控制区并不是匀质的区域，基于其生态重要性进行分级保护，无论是在绿带还是绿色基础设施中，均得到认可。如虽然绿带政策在学界存在较大争议，但是，无论是其支持者还是反对者均赞同将绿带进行分类，根据其特征制定有针对性的保护性利用措施。具体可分为 3 类：①国家有专门的法律法规保护的区域，如国家公园、风景名胜地、风景保护区、环境敏感区等；②需执行严格的开发控制的区域，如城镇组团间重要生态敏感区域；③在建设控制上具有一定灵活性的区域，如一般性的通风通道、非核心的绿色廊道等。如马里兰州在进行 GI 规划时，选择 6 个因子进行 GI 用地开发风险评价：①用地的当前受保护程度；②开发压力的均值；③距离商业、工业、公共服务设施用地的距离；④距不同等级公路的距离；⑤具有重要自然价值的区域所占的比例；⑥土地价格。将开发风险评价结果与生态重要性评价结果加权计算和地图叠合，形成绿色基础设施分级保护的结果，从高至低依次为：已受保护的土地、重点区域和廊道、其他高级别区域、低级别区域与非重点廊道。政府等实施机构则按此评价逐步落实绿色基础设施规划。

（2）基于政策管理的分区管控方法。如英国《1995 年政府政策指引》明确绿带内禁止一切与绿带开敞空间不一致的开发建设，并列出了在绿带内允许开发的项目类型，包括：农业和林业构筑物，能保持绿带开放性且不与绿带中现状土地用途相冲突的户外运动和休闲、公墓等设施；现有房屋的限制性改善、现有村庄的限制性再建、现有发达地区的限制性开发或再开发、现有建筑的翻新再用，采矿、工程作业、必要的地方性交通设施等。莫斯科明确规定保护带内不允许有工业项目和对环境有不利影响的建设项目。

（3）将其作为城市基本生态控制区规划的一部分，在规划中落实。如 ECOTEC 以西欧绿色基础设施规划案例为基础，以目标为导向，提出的绿色基础设施规划的 5 个步骤：合作伙伴和优先事宜的确定、数据整理和制图、功能评估、必要性评估、绿色基础设施规划实施行动方案。麦克唐纳（L. McDonald）等以美国绿色基础设施为案例，归纳出绿色基础设施规划的 4 个步骤，即目标设定、分析、综合和实施。再如汉森和保莱特（Hansen 及 Pauleit，2014）从 GI 的生态保护和社会经济利用 2 个视角，采用系统分析、评估、战略 3 大部分 11 个步骤，构建了 GI 实施的理论框架。比较西欧、北美等几个代表城市基本生态控制区规划实施的步骤可以发现，不同项目采取的步骤不同，各有侧重，但归纳起来，大致均可分为现状分析、综合评估、实施战略 3 大阶段，有的为了突出重点，增加或略去了一些步骤。另外，在现状评价阶段，部分研究增加了社会经济的研究视角，如德格罗特（de Groot et al.，2010）、迪亚兹（Diaz et al.，2011）、巴斯琴（Bastian et al.，2012）、恩斯特松（Ernstson，2013）、汉森（Hansen et al.，2014）等均认为在现状分析阶段应在传统生态视角的基础上，增加社会的视角，生态视角侧重 GI 能提出哪些生态系统服务，而社会视角侧重社会需求层面。

2.1.4 国外城市基本生态控制区保护性利用的实施评价

国外城市基本生态控制区的实施从早期的绿带政策，到之后的城市增长边界、绿色基础设施等，对其实施绩效的研究，一直是当前的热点。

英国绿带建设坚持了 70 多年，取得了很好的社会效应和环境效应，学界普遍认为，绿带的作用包括控制城市格局，改善城市环境，提高城市居民生活质量。关于伦敦绿带也有诸多批评（Amati et al.，2006），主要有：①绿带只是一种"理想城市形态"的抽象表达，并不能从景观的生态或美学功能上找到直接的依据（温全平等，2010）；②绿带政策限制了绿带区域的发展，造成社会不公，如英国绿带大部分由农业用地构成，但近年来，随着英国传统农业收入持续呈直线下降，绿带中的农民迫切需要多样化经营以获得更多收入，如修建旅馆、开发旅游等，但是绿带苛刻的限制条款，难以满足绿带内农民的需求，造成不公；③绿带的设定增加了城市的交通距离和交通成本；④绿带的保护策略有待优化，如研究表明湿地生态服务的价值要远远高于农田和高尔夫球场，对这种关键性的生态要素要着重保护；⑤绿带并不能得到一个紧凑的城市结构，而是呈现"蛙跳式"发展，侵蚀其他农村地区；⑥由于缺乏对城市用地发展需求及经济发展规律的分析，导致绿带被城市割裂和蚕食的现象时有发生（欧阳志云，2004）；⑦绿带政策缺乏对绿带内乡村管理和保护的措施。缺乏保护性的利用措施是造成绿带被蚕食的原因。如荷兰第一次国家空间规划和第二次国家空间规划的政策在保护"绿心"方面都没有得到很好的贯彻，使"绿心"遭到了蚕食与挤压，其中的一个重要教训就是国家不能仅仅制定宏观政策，也应有具体措施，因此，荷兰第三次国家空间规划的核心即为以具体的开发规划代替分散布局。

国外应用 UGB 作为增长管理政策工具已经有 30 多年，对其绩效一直是研究的重点，经常被争论其是否是一种有效的保护大城市周边开敞空间的方法和确保土地利用效率的工具（陈锦富等，2009）。近年来，尤其是美国西海岸地区，一直在监控 UGB 的效用（Jaeger and Plantinga，2007）。学界普遍认为，UGB 带来的紧凑城市格局可减少政府对公共基础设施的投资，控制城市蔓延，保护农田和其他生态敏感区域，促进城市空间紧凑发展（李博，2008；Gennaio et al.，2009）。但 UGB 同时也带来了诸多问题。比如，彭达利（Pendall，1999）认为 UGB 对降低城市增长率无效，反倒促进了 UGB 内房价增长（Staley et al.，1999；Wassmer and Baass，2006）；马瑟（Mathur，2014）通过研究华盛顿州金郡（King County，Washington）UGB 对住房及土地价格的影响，认为其对土地价格影响较大，但对住房价格影响不大。另一些争论认为尤其在经济高速增长时期，UGB 因为其设定了严格的增长边界，反倒限制了城市的发展（Jaeger and Plantinga，2007）；克纳普（Knaap，1982，1985）认为，UGB 仅仅是通过预期的区划改变来影响土地价值。纳尔逊（Nelson，1986）认为，UGB 带来社会不公，UGB 内的城市居民可拥有开阔的视野，享受乡村的美景，拥有休闲游憩的空间，但 UGB 外的农村居民则要承受环境污染、道路拥挤、市政配套不足等弊端。此外，也有研究表明，UGB 在提高城区的开发强度的同时却无力阻止外部乡村的低密度蔓延（Robinson，2005），也难以控制城市边缘地带土地市场的加速开发（CHO，2007；Weitz et al.，1998；Bengston et al.，2006）。

绿色基础设施规划发展至今，虽然有学者认为其资金需求大，对乡村地区关注不够等问题，但普遍认为绿色基础设施规划改变了传统绿色空间被当成未利用地的被动态势（Sandstrom，2006），通过进一步辨识适合进行保护和开发的用地，最大限度地促进自然资源的多功能利用，充分挖掘绿色资产的经济、社会功能和效益，从而为生态用地的保护和利用提供了一个非常有效的解决途径（Benedict et al.，2002）。

2.1.5　国外相关研究评述

2.1.5.1　城市基本生态控制区是国外普遍采用的政策工具

笔者在"SCI/SSCI/A&HCI"数据库中，以"Green Belt"、"Urban Growth Boundary"、"Green Infrastructure"为主题进行检索，截至 2014 年 8 月底，分别获得 758 篇、521 篇、

1241 篇。从文章作者所在国家和地区来看，全球诸多城市均有与城市基本生态控制区相关的研究，但是主要还是集中在美国、英国、加拿大、德国等西方发达国家，中国近年关于城市基本生态控制区的相关研究成果也较多（表2-7、图2-4）。可见，在城市空间蔓延和生态环境保护成为全球性问题的当下，与城市基本生态控制区相类似的政策在世界范围内得到了广泛应用，城市基本生态控制区已经成为城市增长管理和城市精明保护的政策工具之一。

SCI/SSCI/A&HCI 数据库收录城市基本生态控制区相关论文区域统计表　　表2-7

绿带/GB			城市增长边界/UGB			绿色基础设施/GI		
国家	文章数量	所占比例	国家	文章数量	所占比例	国家	文章数量	所占比例
美国	150	20.08%	美国	233	44.72%	美国	386	31.10%
中国	115	15.39%	中国	61	11.71%	中国	117	9.43%
英国	55	7.36%	德国	26	4.99%	英国	93	7.49%
日本	52	6.96%	英国	26	4.99%	加拿大	76	6.12%
印度	50	6.69%	加拿大	26	4.99%	德国	63	5.08%
法国	49	6.56%	澳大利亚	23	4.41%	意大利	61	4.92%
加拿大	43	5.76%	意大利	18	3.45%	澳大利亚	57	4.59%
德国	42	5.62%	西班牙	17	3.26%	荷兰	39	3.14%
澳大利亚	38	5.09%	荷兰	14	2.69%	日本	36	2.90%
其他	164	20.48%	其他	77	14.78%	其他	313	25.22%
合计	758	100.00%	合计	521	100.00%	合计	1241	100.00%

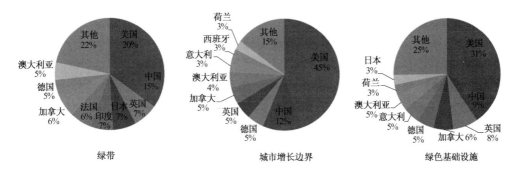

图 2-4　SCI/SSCI/A&HCI 数据库收录城市基本生态控制区相关论文区域分布图

　　根据统计数据，SCI/SSCI/A&HCI 数据库收录的最早关于城市基本生态控制区的研究是发表于 1947 年的对绿带的研究，而收录最早关于城市增长边界及绿色基础设施研究的论文则分别始于 1984 年、1992 年。2000 年以后是 GB、UGB、GI 研究的高峰，分别收录论文 620 篇、463 篇、1183 篇，占总收录论文的 81.79%、88.87%、95.33%，尤其是 2011 年 1 月至 2014 年 8 月，44 个月时间分别收录论文 239 篇、187 篇、770 篇，占收录总数的 31.53%、35.89%、62.05%，是历年收录文章的最高峰（图 2-5）。特别是关于 GI 的研究，虽然起步最晚，但相关研究成果最多，可见，有关城市基本生态控制区的研究是当前全球研究的热点，而 GI 是引导可持续的土地利用规划的流行概念（Ahern，2007；Mazza et al.，2011；Hansen et al.，2014）。

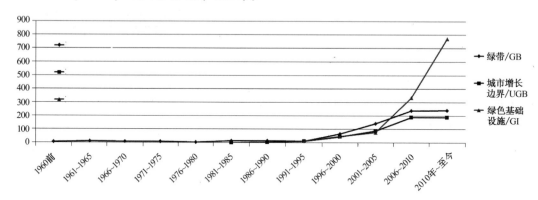

图 2-5　SCI/SSCI/A&HCI 数据库收录城市基本生态控制区相关论文年代分布图

2.1.5.2　城市基本生态控制区具有多功能性已形成共识

经过 70 多年的发展，无论是对绿带，还是对绿色基础设施，学者均认为城市基本生态控制区具有文化、生态、生产等复合功能，能提供多样化的服务，进而产生生态、经济、社会等多方面的效益。当前，一种新的城市基本生态控制区保护理念应运而生，即城市基本生态控制区不仅是维护人类基本生存环境的生态资产，还是支撑社会经济增长的"基础设施"的一部分，具有多功能性，能产生多样化的效益。因此，应根据生态资源特征，发挥其能提供的功能和效益；反过来，为使其功能和效益最大化地发挥，地区利益主体必将对其进行等值的修复和建设，促进城市基本生态控制区形成在发展中保护，在保护中发展的良性循环。

2.1.5.3　城市基本生态控制区多功能保护与利用方法未成体系

促进城市基本生态控制区的实施是其划定后的关键，而传统生态保护往往象征着城市环境治理的负担，基础设施建设的障碍，经济发展的软肋等，给人留下贫困、落后的印象，"谈生态而色变"。

生态空间被蚕食的原因之一即为缺乏保护性利用的措施。目前的研究已充分认识到城市基本生态控制区具有多功能性，应对其进行保护与利用，以促进综合效益的发挥。但目前已有的保护与利用方法主要集中在分区管控、分级控制等的简单探讨，也构建了初步的实施框架，但还未形成具体的技术方法，难以指导具体的实践操作。已有的研究提供了丰富多样的技术手段，但从设定、管理、实施城市基本生态控制区的整个过程来看，还有待建立起一套完整的有典型意义的保护性利用体系。

2.2 国内与城市基本生态控制区相关研究及实践进展

2.2.1 我国城市基本生态控制区相关研究概况

我国城市基本生态控制区的发展主要分为3个阶段（表2-8）：

国内与城市基本生态控制区相关的概念及内涵一览表　　表2-8

阶段	概念	提出时间	核心理念	典型事件	代表城市
最早与西方的接轨	郊野公园	20世纪70年代	在城市边缘区或远近郊区及乡村，将优质的公共自然风景资源保护起来，作为永久的开敞及公共游憩空间	1971年第一个郊野公园发展五年计划（1972～1977年）提出，并于1972年立法通过；1976年颁布《郊野公园条例》；1996年颁布《海岸公园及海岸保护区规例》	香港
国外概念的引入及发展	UGB、GI、绿道、EI、非建设用地	20世纪90年代		1999年，上海环城绿带 2005年，俞孔坚团队提出基于EI的"反规划"理念	台州、广州等
法定概念的探索	四线	2002年	制定部门规章保护各类关键要素	2002年，《城市绿线管理办法》；2003年，《城市紫线管理办法》；2005年，《城市黄线管理办法》；2005年，《城市蓝线管理办法》	各个城市
法定概念的探索	禁限建区	2006年	划分城市的禁止建设区、限制建设区及适宜建设区	2006年，《城市规划编制办法》明确提出禁建区、限建区、适建区的概念；2008年，《城乡规划法》要求城市和镇总体规划必须划定禁限建区	北京
法定概念的探索	城市基本生态控制区	2005年	城市规划区范围内城市生态保护范围的界限	2005年，深圳在全国率先划定城市基本生态控制线	深圳、广州、武汉

第一阶段是20世纪70年代开始的香港郊野公园模式；

第二阶段是20世纪90年代中后期，国外概念如UGB、GI、绿道、EI、非建设用地等概念被引入；

第三阶段是2005年前后，法定概念的探索及适宜中国国情的研究，尤其是2006年颁布的《城市规划编制办法》明确提出划定城市禁限建区后，广泛地引入国外已经较为成熟的绿带、城市增长边界模式，以及新兴的绿色基础设施、绿道、生态基础设施等概念，结合中国的国情进行解读、实践和衍生，并提出了城市基本生态控制区的概念，且在深圳、广州、武汉等城市进行了实践。

2.2.1.1 香港的郊野公园模式

我国最早法定的与城市基本生态控制区相关的概念是香港的郊野公园，即选取城市近郊山水等自然景观资源优越的地区，规划为郊野公园，通过土地利用控制，限制城市开发建设，作为城市及乡村永久性的公共开敞空间。与城市公园不同，郊野公园更关注对自然风景资源的保护；与自然保护区不同，郊野公园在保护自然风景资源时，还同步强调资源的公共性和开放性。设置郊野公园的目的：①保护公共自然景观资源；②为居民提供休闲游憩的场所；③阻止城区无序蔓延；④维护城市生态环境（刘晓惠、李常华，2009）。1971年，香港第一个郊野公园发展五年计划（1972～1977年）由港英当局提出，次年获得立法通过。1976年颁布了《郊野公园条例》。20世纪90年代中期，香港将城市自然资源保护的范围进一步拓展到滨海地区，成立海岸公园，来保护海洋生物，并为市民提供教育、康乐的场所。

大陆地区1980年以后在城郊实施的风景区和森林公园，也有类似的特征。2000年以来，内地一些城市如深圳、北京、南京、成都、广州、上海、东莞等从城市发展和生态环境保护2个层面出发，借鉴香港的郊野公园模式，一批郊野公园在城郊进行规划和建设。

2.2.1.2 大陆相关的发展历程

大陆地区从1990年以后开始重视与城市基本生态控制区相关的研究，主要经历了3个阶段：

1. 国外概念的引入及发展

20世纪80年代末期引入国外的绿带政策，介绍喀麦隆（泽全，1983）、伦敦（冯采芹，1989）、巴黎（黎新，1989）等城市绿带建设的经验。到90年代中后期，在上海（鹿金东等，1999；吴国强等，2001）、张家港（黄和元，1999）、北京（刘丽莉，2002）等城市相继开展实践。

2006版《城市规划编制办法》实施前后，国内与城市基本生态控制区相关的研究进入高潮，UGB、绿色基础设施、绿道等概念被广泛引入国内，并结合国内的国情进行优化。如俞孔坚等人，在研究中以景观生态学的理论和方法为基础，通过分析和模拟景观的自然、生物和人文过程，分别判别对这些过程的健康与安全具有关键意义的景观格局，这些用地即为生态基础设施用地，优化了生态基础设施构建的方法。再如2010年前后，国内引入绿道等概念，并在珠三角等地率先实施，至2013年1月，珠三角共建成7350km绿道。

2. 相关法定概念的进一步明确——城市禁限建区、四线

2000年以后，随着大城市的快速发展，面对城市无序蔓延造成的城市问题和环境危机，我国城市规划编制管理的重点从确定开发建设项目，逐渐转向各类脆弱资源的有效保护性利用和关键基础设施的合理布局（仇保兴，2004）。从2002年开始，建设部以部门规章形式，密集出台《城市绿线管理办法》（2002年）、《城市紫线管理办法》（2003年）、《城市黄线管理办法》（2005年）、《城市蓝线管理办法》（2005年），划定需要保护的城市绿地范围、地表水体范围、历史文化保护范围、城市交通市政基础设施的控制范围和界限，制定控制指标和要求。

之后，我国又以法律法规的形式，分别于2006年、2008年出台《城市规划编制办法》《城乡规划法》，均明确要求在城镇规划中必须划定禁限建区，并将其作为控制城市蔓延和保护土地资源的重要途径。我国的城市禁限建区包括2种类型：①资源保护类：包括农田、山体、矿产、水体、绿地、文化遗产等；②风险避让类：如重要基础设施防护、

灾害避险等。相对于 GI 而言，我国禁限建区的划定方法主要以各类保护用地的叠加为主，较少考虑景观格局自身的连通性。

当前，我国城市基本生态控制区的实践正在兴起。2005 年，深圳在全国率先划定基本生态控制线以来，无锡（2006）、广州（2007）、东莞（2009）、长沙（2009）、合肥（2010）、武汉（2012）等城市均相继划定城市基本生态控制区，成为当前的热点之一。

2.2.2　我国城市基本生态控制区划定方法研究

目前国内关于基本生态控制区的划定方法，主要有 4 类：

（1）基于图层叠加技术的土地适宜性分析方法。该方法来源于麦克哈格（Ian McHarg）的"千层饼模式"，是一种以各评价因子分层分析，然后采取地图叠加技术为核心的生态规划方法。具体而言，首先，借助 RS、GIS 等技术，确定评价因子类型并固化到空间属性上，然后针对单因子建立模型计算其限建强度，最后把各单因子加权叠加，并对叠加结果进行综合分级。该方法从 20 世纪 70 年代沿用至今，技术成熟并获得广泛认可。在国内典型的运用实例如北京的限建区规划等。该方法主要强调景观单元的"垂直"关系，忽视了景观单元之间的"水平"过程，需在景观生态规划方法的指导下进一步优化。

（2）基于生态过程的景观安全格局方法。该方法以俞孔坚的团队为代表（1999、2005、2007），在划定城市基本生态控制区时，基于景观生态学原理和生态系统服务原理，借鉴理论地理学的最小阻力模型，模拟自然、生物、历史文化及生态游憩过程，通过模拟辨识每一单一过程如洪水安全、生物多样性保护等的安全格局，再将各安全格局叠合，形成高、中、低三种级别的综合景观安全格局，然后结合城市建设的实际情况，选择最适宜的景观安全格局作为建设控制的区域，具体的实例如台州规划等。

（3）基于建设用地适宜性的阻力—动力模型分析方法。由于城市的扩张受到限建要素的阻力和社会经济发展的动力两方面的共同作用，宗跃光等（2007）以大连为案例，通过评价生态限制性（阻力）和生态潜力（动力）两大类要素，将用地划分为优化建设区、重点建设区、限制建设区和禁止建设区 4 类，探讨了一种建设用地适宜性评价的潜力—限制分析模式。

（4）基于生态容量与刚性限制要素叠加的综合分析方法。综合考虑生态环境容量和刚性限制要素，结合基于图层叠加技术的土地适宜性分析方法进行综合评定，确定最终的基本生态控制区的范围。如武汉都市发展区基本生态控制区的划定即是将 12 类限制要素进行叠加，然后基于武汉市生态环境容量分析、生态框架构建等专项，最终确定基本生态控制区。

2.2.3　我国城市基本生态控制区保护性利用研究

从深圳在《深圳市城市总体规划（1996~2010）》中划定农业保护用地、水源保护用地、组团隔离用地、旅游休闲用地、郊野游览用地、自然生态用地等类型，作为城市禁止或限制建设的用地之后，成都、杭州、武汉、无锡、北京等地都陆续编制了各类与基本生态控制区相关的保护规划，纵观这些规划编制的内容，主要集中在以下几个方面：

（1）几乎每个城市保护规划均包含确定各类限制性要素，划定基本生态控制区范围的内容。如北京设定了 110 种 16 类限制性要素，基本涵盖了限制性要素的各个方面（龙瀛，

2006）；如武汉明确了 12 大类限制性要素等。

（2）明确了划定后的基本生态控制区的用地分类。如杭州将非城市建设用地分为 5 种类型：历史文化保护类、工程技术类、景观生态类、农田保护类、战略控制类。北京将禁限建区分为 6 种类型：绝对禁建区、相对禁建区、严格限建区、一般限建区、适度建设区和适宜建设区。厦门则分为 4 类用地：生态资源保护用地、城市外围景观生态旅游用地、农田保护用地、其他用地。

（3）部分城市对基本生态控制区未来发展的主导功能进行细分。如成都"198"地区规划，对成都绕城高速公路两侧与绕城高速以内原规划为生态绿楔的 $198km^2$ 用地划分为 $90km^2$ 的生态绿地，作为纯粹的生态保护空间，$70km^2$ 的开发建设用地，$38km^2$ 的道路、铁路、市政走廊等其他用地。如无锡将基本生态控制区分为 2 个生态绿化隔离环和 13 个生态片，包括 6 个生态农业片，4 个山体绿化片，3 个湿地。

（4）部分城市提出了管控对策。如北京制定了禁限建区的规划图则，规划图则的内容主要包括区位分析图、基本地形、行政边界、现状地形图、航拍图、土地利用现状图、城市规划图，以及限建要素、限建单元、限建分区、限建导则、限建指数空间分布等（龙瀛，2006）。

2.2.4 我国城市基本生态控制区实施评价研究

（1）对实施效果的评价。如深圳市组织编制了《深圳市城市总体规划检讨与对策》，测算了《深圳市城市总体规划（1996～2010）》实施 5 年后的效果，认为"深圳较快的城市建设用地扩张，对农业用地、水源保护地等生态控制区形成了较为普遍的侵占。测算 2000 年实际自然生态用地、组团隔离、郊野游览和旅游休闲用地分别比 2010 年的规划目标少了 $240.7km^2$、$14.6km^2$、$12.2km^2$ 和 $4.7km^2$"。

（2）侧重实施保障方面，如提出要加强法律保障，建立完备的非城市建设用地信息系统，推进总规"全覆盖"等方面的具体建议。

2.2.5 国内相关研究评述

2.2.5.1 处于起步阶段，但是是当前研究的热点

截至 2014 年 8 月底，在中国知网 CNKI 据库中，以"SCI 来源期刊"、"EI 来源期刊"、"核心期刊"、"CSSCI"为来源类别进行检索。以篇名"绿色基础设施"检索得到结果 41 条；以篇名"城市增长边界"检索得到结果 16 条；以篇名"绿带"检索得到结果 38 条；以篇名"生态基础设施"检索得到结果 24 条；以篇名"城市基本生态控制"检索结果为 0 条；以篇名"绿道"检索结果为 111 条；以篇名"郊野公园"检索结果为 25 条，由于"郊野公园"主要运用于香港，英语为主要研究语言，笔者又以"country park"和"Hong Kong"为标题，在 SCI/SSCI/A&HCI 数据库中检索，结果为 7 篇[①]，因此，郊野公园的研究共计 32 篇；以篇名"禁限建区"检索结果仅 1 条，即 2008 年李博在《城市规划

---

① 最早发表的有关香港郊野公园的文章为吉姆（C. Y. Jim）在《应用地理学》（Applied Geography）1987 年第 4 期发表的《露营对香港郊野公园植被和土壤影响的评价》Camping impacts on vegetation and soil in a Hong-Kong country park.

学刊》上发表的《城市禁限建区内涵与研究进展》一文；以篇名"非建设用地"检索结果为17条。由于检索限定为核心等高质量期刊，所以在统计上会有遗漏，但能基本反映国内与城市基本生态控制区相关概念的研究概况。具体情况如表2-9、图2-6所示。

国内与城市基本生态控制区相关研究统计表　　　　　　　　表2-9

时间	绿道	绿色基础设施	绿带	郊野公园	生态基础设施	非建设用地	城市增长边界
1995年及之前			1	2			
1996年							
1997年			1	1			
1998年						1	
1999年			1				
2000年			1	1			
2001年	1		1	1			
2002年			2	1			
2003年			2		1		
2004年			1		1		
2005年		1	4	2	3		1
2006年	6		1	2	1		
2007年	1		2	1	4		
2008年	2	1	3	2	4	3	2
2009年	1	12	2	9	2	1	1
2010年	5	3	2	5	1	3	1
2011年	23	5	2	3	1	4	3
2012年	32	4	6		2	2	5
2013年	34	11	4	1	1	3	2
2014年	11	4	2	1	3		1
合计	116	41	38	32	24	17	16

来源：中国知网数据库。

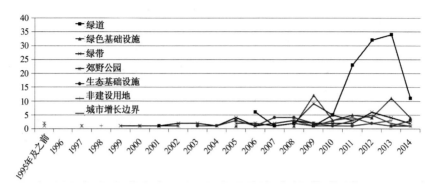

图 2-6　国内与城市基本生态控制区相关研究成果分布图

从研究历程上看，国内关于城市基本生态控制区相关的研究主要兴起于 20 世纪 90 年代中后期，开始从郊野公园、绿带等方面逐步探索；而广泛的研究则兴起于 2005 年以后，尤其是《城市规划编制办法》中明确提出城市、镇的规划需划定禁限建区后，相关研究逐步兴起，并广泛地引入国外已经较为成熟的绿带、城市增长边界模式，以及国外新兴的绿色基础设施、绿道、生态基础设施等概念，结合中国的国情进行解读、实践和衍生。但是，广泛的关于城市基本生态控制区的研究，我国从兴起至今约 10 年的时间，总体来说还处于起步阶段。

从理论研究上看，主要包括 3 个方面：一是对国外研究理论与实践的引入、综述，对其概念内涵的解析；二是结合国内实际情况，探索相应的本土化思路；三是对国外概念的进一步延展和发挥，如从生态基础设施衍生出的"反规划"理念，以及划定"城市基本生态控制区"等。

从实践研究上，主要包括 2 个阶段：一是国外概念的简单运用，如 2000 年左右北京、上海借鉴绿带理论设置的环城绿带；二是概念的本土化，如北京借鉴景观生态学等思想，结合北京实际，综合考虑 110 种限制要素划定城市禁限建区；广东省广泛学习国外绿道建设经验设定的绿道；俞孔坚结合中国国情，提出的"反规划"理念，并以台州为案例进行运用；深圳、广州、武汉等城市综合城市禁限建区、绿色基础设施等理念划定的本土化的城市基本生态控制区等。

但总的来说，由于我国实施城市基本生态控制区的时间还很短，目前已有的研究成果还停留在对概念的解析、实践的探索、方法的摸索阶段，尚未形成完整的理论框架和技术路径，尤其是对实施效果的量化评价几乎处于空白，因此，未来我国对此还需进行深入的研究。

2.2.5.2　对系统的保护与利用的方法研究较少

现有的研究和实践主要停留在如何有效地划定城市基本生态控制区上，对划定后如何切实保护其不受侵占以及实施机制等方面研究较少，而这是促进城市基本生态控制区能切实得到实施的关键。此外，城市基本生态控制区具有生态、经济、社会等多功能性，但是，在其划定上，重点关注的仍是生态要素，对经济、文化等其他方面的要素关注较少。

2.2.5.3　本土化系统化的保护性利用案例研究较少

国内已经开展城市基本生态控制区保护性利用规划的案例研究，如杭州的生态带概念规划、成都198地区实践等，但存在数量少，系统性不强，深度不够等问题。数量少体现在目前的案例研究主要是如何划定城市基本生态控制区，而专门针对划定后如何实施的案例，目前只有杭州、成都、武汉、深圳等少数城市，且也均处于探索阶段。系统性不强主要体现在研究多集中在城市基本生态控制区划定的研究，以及部分大城市的案例研究，缺少规划—实施—评价的系统性研究，以及针对地域适宜性的研究。深度不够主要体现在对城市基本生态控制区理念的尝试性研究，一般只是对涉及的部分内容如概念、内涵、特征、目标等展开讨论，对于中国城镇化特征下的城市基本生态控制区的保护性利用规划的适宜性研究深度不够。

2.3　国内外研究总体评述

2.3.1　国内外相关研究特点及差异

国外在城市基本生态控制区保护性利用规划系统的理论研究和实践上比我国早了近60年，研究体系更加完整和成熟。国外学者的研究基本聚焦在对城市基本生态控制区的概念、内涵的讨论，多功能性的探讨，景观结构与功能的优化，保护与利用的方法探讨，绩效的评价等，尤其是对城市基本生态控制区多功能性、绩效评价的研究，与国外城市基本生态控制区的诸多实践是密不可分的。从城市基本生态控制区的发展历程来看，国外，特别是英美国家，从19世纪中期即开始了美化城市环境的先驱探索，1933年即建立了绿带相关的法案，伴随而来的是广泛的实践活动，而且此后广泛地运用于其他区域。由此可见，国外学术研究与实践相结合，体现其研究的务实精神。从城市基本生态控制区保护性利用方法来看，国外更注重采用定量研究的方法，提倡实证量化，且注重对实施绩效的评价。

国内对城市基本生态控制区的研究还处于起步阶段，但涌现了非常多的成果。各位学者能够较敏锐地发现国外最新学术动态，并结合中国的特殊国情，将其引入并有选择和辨析地运用于国内的学术研究中。因此，国内学者更注意从制度层面、体制层面来展开对城市基本生态控制区规范性的研究。但是由于我国的城市基本生态控制区的实践活动才刚刚展开，所以对其实证研究还处于起步阶段，对其绩效研究更是一片空白。在错综复杂的信息引入及纷繁复杂的中国现实中，亟须研究适宜中国国情的理论框架和技术路径。

2.3.2　研究不足

城市基本生态控制区虽然限制城市开发与建设，但是由水源保护区、农田、森林等组成的城市基本生态控制区包含了丰富的使用功能。除了部分必须封闭保护的生态敏感区域外，农田、风景区、郊野公园等均与市民的文化生活和农村的社会经济发展密切相关，因而，在城市基本生态控制区的保护上，必须进一步细化基本生态控制区的功能规划，进行保护与利用结合的功能布局，变消极保护为积极引导，促进其切实得到保护。综合国内外已有研究，主要集中在为什么划定城市基本生态控制区以及如何划定城市基本生态控制区上，并对城市基本生态控制区内的用地按照功能进行了初步的分类，对划定城市基本生态控制区后的实施效果进行了评价。已有研究仍然侧重消极、静态的保护理念，过于注重对其生态功能的单一保护，缺乏积极、动态的引导，从而变生态功能单一保护为生态、经济、社会功能的综合保护与利用。因此，在城市基本生态控制区划定后，采取前瞻主动的思路，探讨其保护性利用的路径至关重要。

要研究城市基本生态控制区保护性利用的路径，对其生态功能的保护是前提。要保护其生态功能，识别城市基本控制区内不同构成要素的生态价值是基础；识别出生态价值后，还需制定相应的保护措施和标准，建立保护性利用的模式，使得其生态功能不受到损害；在确保其生态功能得到保护后，再根据不同区域生态价值的高低，结合基地自身的发展条件和城市发展的社会经济背景，注入相应的功能，提升其经济、社会等综合价值。

以上是当前城市基本生态控制区保护性利用迫切需要研究的重要课题，而当前尚没有进行这方面的系统研究。本项目旨在研究在城市基本生态控制区划定后，如何保护性利用，提升其综合价值，促进其切实得到保护。因此，我们认为，城市基本生态控制区的保护性利用需要研究以下几类问题：

（1）制定保护与利用的理论框架，建立城市基本生态控制区保护与利用的耦合关系，搭建生态资源保护与生态资源利用的桥梁。

（2）构建保护与利用的评价方法。城市基本生态控制区具有生态、经济、社会等多功能属性。研究保护城市基本生态控制区内对生态系统服务具有重要意义的生态要素的方法，优化城市基本生态控制区内生态资源间的结构、功能和关系，提升生态控制区生态服务功能和对城市生态系统的贡献；同时针对其多功能属性，建立适宜的评价体系，在生态优先的前提下，综合考虑经济社会等因素，提升综合价值。

（3）制定保护与利用的操作体系，指导具体的实践。采取动态、积极的保护思路，制定城市基本生态控制区保护性利用规划的对策，形成一套完善的、适宜中国国情的技术路径，促进基本生态控制区的实施。

（4）在中国快速城镇化背景下，面对城市空间快速增长及生态环境急剧恶化的严峻态势，在市场经济条件下，城市基本生态控制区的实施尚未形成切实有效的约束机制和生态补偿政策，综合行政手段、经济杠杆、土地政策等因素，形成切实的实施机制。

这些都是城市基本生态控制区保护性利用规划实施在理论上要解决的科学问题。城市基本生态控制区保护性利用是一个复杂的巨系统，需要诸多的研究，由于时间、精力、学识的限制，**本书主要从物质空间规划层面，构建城市基本生态控制区保护性利用规划的理论框架和技术路径，对其实施机制等的研究尚未涉及，有待以后进一步研究。**

2.4　本章小结

国外与城市基本生态控制区相关的研究起步较早，从 19 世纪中期以构建美好城市环境为目标，建设城市公园及都市公园系统为代表的先驱探索，到以限制城市蔓延为核心，20 世纪 30 年代英国伦敦提出的绿带政策，20 世纪 70 年代美国提出的城市增长边界，以及 20 世纪 90 年代末期以精明增长与精明保护相结合，强调生态安全的绿色基础设施。总的看来，城市基本生态控制区是国外普遍采用的政策工具，其具有的多功能性已经达成共识，但是目前具体的多功能保护与利用方法尚未成体系。

国内与城市基本生态控制区相关的研究起步较晚，除 20 世纪 70 年代开始的香港郊野公园模式外，中国大陆关于城市基本生态控制区的研究，主要兴起于 20 世纪 90 年代中后期，而广泛的研究则兴起于 2005 年前后，尤其是 2006 年《城市规划编制办法》明确提出划定城市禁限建区后，广泛地引入国外已经较为成熟的绿带、城市增长边界模式，以及新兴的绿色基础设施、绿道、生态基础设施等概念，结合中国的国情进行解读、实践和衍生，并提出了城市基本生态控制区的概念，且在深圳、广州、武汉等城市进行了实践。由于我国实施城市基本生态控制区的时间还很短，目前已有的研究成果还停留在对概念的解析、实践的探索、方法的摸索阶段，尚未形成完整的理论框架和技术路径，尤其是对实施效果的量化评价几乎处于空白。

可见，国内外普遍对划定城市基本生态控制区且需进行多功能保护与利用已达成共识，但是目前具体的多功能保护与利用方法尚未成体系。

3 城市基本生态控制区保护性利用规划的现状研究

从最初香港的郊野公园模式，到北京编制《北京市限建区规划（2006—2020 年）》，以及成都作为中国城乡统筹的试点开展系列城乡统筹规划，近年来，国内进行了与城市基本生态控制区相关的诸多实践探索，本章主要选择目前国内现有与城市基本生态控制区保护性利用规划相关的 4 种典型模式进行分析，以总结经验，找出存在的问题，为建立适宜中国国情的城市基本生态控制区保护性利用规划理论框架及技术路径奠定基础。

3.1 我国城市基本生态控制区保护性利用现状典型模式

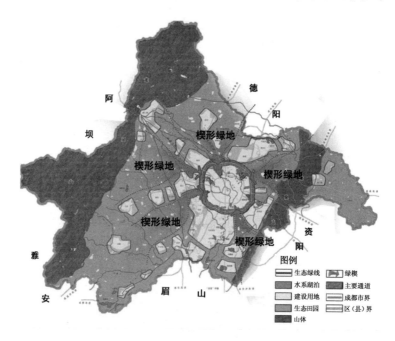

图 3-1 成都全域生态空间格局图

来源：杜震等，2013

3.1.1 成都功能主导模式

成都环城生态区（198 地区）是成都生态用地保护与利用的主要探索区域。2003 年，成都市城市总体规划确定了"一环两山，五楔多廊"总体生态空间格局（图 3-1），其中"一环"即为环城生态区（原 198 地区），是成都市环绕中心城区的绕城高速公路两侧各 500m 范围以及周边七大楔形地块内的生态用地和建设用地所构成的控制区，涉及五城区（含高新区）深入外环路以内的 11 个区、县（高新技术产业开发区、锦江区、青羊区、金牛区、武侯区、成华区、龙泉驿区、新都区、温江区、双流县、郫县），整个"198"地区呈"扇叶状"，包含多个城市通风口和集中式的生态用地，如同一个绿色的生态圈将成都全面覆盖（图3-2）。2006年5月，成都市着手编制《成都市中心城区非城市建设用地城乡统筹规划——成都市"198"地区控制规划》，因其面积为198km²，所以简称"198地区"，之后，成都市相继编制了《198地区控制规划》《198地区实施规划方案》。2012年，"198"地区正式命名为"环城生态区"，并相继编制了《环城生态区总体规划》《环城生态区控制性详细规划》。

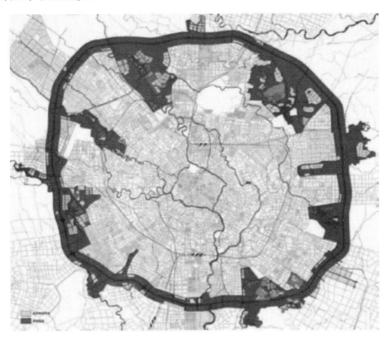

图3-2　成都市198地区控制规划总平面图

来源：成都市规划设计研究院，2007

3.1.1.1　控制用地规模，严格保护生态性用地

成都环城生态区总的用地规模约198km²，建设用地总量不得突破45km²，以岛状形式布局，主要用于社会保障、旅游、休闲、文化、体育、娱乐、居住等项目，不得用于大型专业市场、大专院校、工业、仓储物流等项目，建设控制区要求为低层低密度，高度上限为15m。

生态绿地规模153km²，是提升成都生态环境品质的核心部分，只能用于森林、草地、花卉、水体和生态农业等项目的建设。其中，四环线道路红线两侧200m范围内禁止布局除道路交通及市政基础设施以外的任何项目；200~500m范围内，优先设置道路交通及市政基础设施，禁止布局住宅用地（除现状保留项目外）。

3.1.1.2　积极主动策划，促进生态用地功能化

在功能布局上，规划形成六大主题各异的功能片区：①北郊片区，依托大熊猫繁育研究基地，以熊猫为主题，打造熊猫小镇，突出观光、科考、娱乐功能；②上府河片区，依

托府河、东风渠，以生态为主题，打造绿色社区，突出商务、休闲功能；③江安河片区，依托江安河，以运动为主题，打造水上运动基地，突出体育、娱乐功能；④高新南区，依托世纪城会展中心，以文化为主题，打造市级文化中心，如歌剧院等，突出文化、娱乐功能；⑤五朵金花，依托现状五朵金花农家乐、金港赛车场，以休闲为主题，打造风景旅游区，突出旅游、观光休闲功能；⑥十陵片区，依托明代蜀王陵墓和丘陵地形，以历史文化为主题，打造风景区和奥体中心，突出历史文化、体育功能。

此外，成都市组织编制了《成都市"198"市级战略功能区现代生态农业发展及耕地质量保护提升规划（2010~2017）》，明确规定了"198"地区禁止发展养殖业，适宜发展蔬菜、水果、粮油、花卉苗木、中药材等生态和休闲观光农业，打造田园景观式的蔬菜、水果、粮油、花卉苗木、中药材等优势特色产业基地。

3.1.1.3 对接行政区划，调动区级政府积极性

在编制完 198 地区控制规划后，成都市于 2009 年着手编制《198 地区实施规划方案》，以区、县的行政区划为单位，立足"一区一特"，落实到 11 个区、县各具体建设项目。如武侯区，打造武侯绿博经济园，以种植高经济性绿化苗木如玉兰、桂花、银杏、滇润兰等为主，探索了一条良好生态绿化促进优质产业发展，优质产业发展反哺生态绿化的新模式；锦江区，面积 17.2km²，规划打造中国第一都市生态运动休闲基地——"三圣国际运动休闲度假区"；郫县，以打造"天府花都"项目为特色，形成以花为媒，以蜀文化为底，集生产、展示、交易、旅游、休闲等功能为一体的特色项目，成为市民休闲、娱乐、赏花、游览的旅游目的地。当前，"天府花都"已完成了 600 余亩启动区精品名木种植，初步形成了樱花苑、桂花苑、茶花苑、盆景苑等多种特色鲜明的展区。

3.1.1.4 完善实施机制，保障项目的顺利实施

从实施机制看，"198"地区主要以项目为载体，着力解决"地从哪里来，人往哪里去，钱从哪里筹"等问题，并遵循"先拆旧后建新，生态绿地、配套设施同步建成"的原则，由市委副书记主管，以区县政府为实施主体，纳入政府年度考核。

（1）区县实施，部门管理。198 地区的实施主体是区县政府，对其涉及的 198 区域明确功能定位和建设目标，并组织编制实施规划。规划、国土、建委、农委、房管、园林等市级职能部门成立办公室进行相应管理，将"198"地区规划的 45km² 总建设用地规模分配至各区（县），严格控制建设用地总量；同时确定各区每年的拆违目标，年终进行考核。

（2）捆绑建设，同步实施。将生态绿地和建设用地按一定比例捆绑包装成若干个项目，作为用地条件通过企业来实施，生态绿地必须建成后方可进行建设用地建设，而良好的生态环境品质又促进建设用地土地价值的提升。如新都区引进保利集团开发"保利公园·198"项目，占项目总用地 75% 的生态绿地与配套的五星级酒店、低密度生态住区同步建成，通过生态绿地提高了建设用地的经济产出率。

（3）土地整理，"增减挂钩"获取建设用地指标。"198"地区内规划布局的 45km² 建设用地不另行安排建设用地指标，均由现状用地的土地整理来获取，保证建设用地总量不增加，耕地面积不减少。如锦江"198"将 5000 多亩集体建设用地进行整理，通过土地增减挂钩，腾出建设用地指标用于汽车运动公园、体育运动休闲、文化创意等产业发展，实

现了从传统农业向都市休闲产业的过渡。

（4）指标不变，异地安置。原有合法国有建设用地认可其指标数据，通过评估后结合各区具体实施规划重新选址落地，再补办相关手续。

（5）政企联手，市场运作。区、县与公司成立城乡建设发展有限公司联合建设。如成都市武侯区引进成都置信成立合作公司，共同负责土地整理、农民安置、城市公共设施建设，既提升了区域土地价值，也保证了区域经济的健康发展。

（6）立法保护，强力推进。2013 年，成都市人大正式发布《成都市环城生态区保护条例》，并于 2013 年 1 月 1 日起正式实施，这也是国内首个对生态区进行的地方立法。

3.1.2 北京分区管控模式

作为中国最大的城市之一，为提高北京城市建设用地空间布局的科学合理性，保证城市空间有序发展，避免城市无序蔓延，正确处理好城市发展与生态资源保护的关系，2006年，北京市组织编制了《北京市限建区规划（2006—2020 年)》，作为《北京城市总体规划（2004—2020 年)》批复后的专项规划之一（图 3-3）。

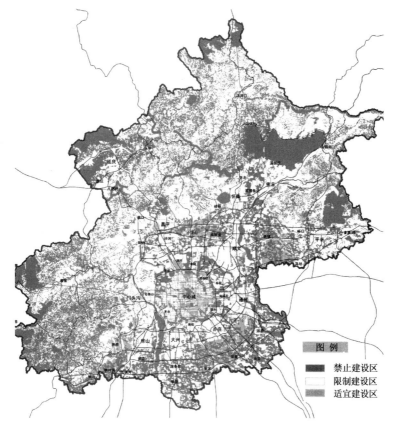

图 3-3　北京市禁限建区规划图

来源：北京市城市规划设计研究院，2007

3.1.2.1 摸清家底，理清限建要素

根据《北京市限建区规划（2006—2020 年）》，限建要素是指北京市域能够对建设产生影响的自然和人文环境要素。从限建要素的客观属性看，《北京市限建区规划（2006—2020 年）》将限制要素分为资源保护和风险避让两类。资源保护类指对具有人文、生态、科学或历史等价值，自身较为敏感需要加以保护的要素，如饮用水源保护区、自然保护区等。风险避让类包括两个方面：一是自然灾害避让，如地震风险、地质灾害等；二是危险源或污染源防护，如对易燃、易爆或易产生其他次生灾害的供气、供电、输油等重要生命线系统的防护等。

北京禁限建区规划采用多因子叠加法，对所有限建的要素进行整体分类叠加，形成了16 个大类，110 个小类，基本涵盖了限制建设要素的各个方面，摸清了北京生态保护及资源防护的家底（表3-1）。

北京市限建要素一览表（大类）

表3-1

类别	编号	要　素	类别	编号	要　素
资源保护类	1	河湖湿地	风险避让类	9	洪涝调蓄
	2	水源保护		10	水土流失与地质灾害防治
	3	绿化保护		11	地震风险
	4	农地保护		12	平原区工程地质条件
	5	文物保护		13	污染物集中处理设施防护
	6	地质遗迹与矿产保护		14	电磁辐射设施（民用）防护
	7	城镇绿化		15	市政工程基础设施防护
风险避让类	8	地下水超采		16	噪声污染防护

来源：北京市城市规划设计研究院，2007。

3.1.2.2 要素分类，进行限建分区

《北京市限建区规划（2006-2020 年）》将北京市域空间划分为 3 大类：禁建区、限建区和适建区。

禁建区指绝对禁止城乡规模化建设的区域，分为绝对禁建区和相对禁建区两类。绝对禁建区：指严格禁止一切城乡建设活动的区域，包括地裂缝、自然保护区核心区等；相对禁建区：指严格禁止与限建要素无关的建设活动的区域，比如在饮用水源一级保护区内禁止与供水无关的设施建设。

限建区指在满足控制要求的前提下可以开展规模化城乡建设的区域，分为严格限建区和一般限建区两类。严格限建区：指对城市建设用地的规模、类型、强度以及有关城市活动、行为等方面有较多限制的区域，具有严格的生态制约条件；一般限建区：指对城市建设用地的规模、类型、强度以及有关城市活动、行为等方面有一定限制，但可通过改造等

手段减缓限制要求与建设之间的冲突，存在较为严格的生态制约条件。

适建区指生态制约较小，可以适度开展规模化城乡建设的区域。分为适度建设区和适宜建设区两类。适度建设区：存在一定的建设制约条件；适宜建设区：基本不存在建设制约因素。

北京市对 16 大类 110 个限制要素进行叠加合并，并进行分区。在北京市域 16409km² 的用地范围内，禁建区 7185km²，约占市域总面积的 44%，其中，绝对禁建区 55km²，相对禁建区 7130km²；限建区 8697km²，约占市域总面积的 53%，其中，严格限建区 4819km²，一般限建区 3878km²；适建区 527km²。

3.1.2.3 分区管控，制定限建导则

《北京市限建区规划（2006-2020 年）》制定了相应的限制导则，对指导北京各类生态空间的规划管理起到重要作用。限制导则的具体限制内容包括：

（1）用地规模限制：分城镇、村庄、项目 3 个级别限制。

（2）用地类型限制：按照城市用地分类，分为居住、工业、交通、市政、绿地、水域等用地限制类型。

（3）建设高度限制：分固定值限制、以要素为参照的相对高度限制、建筑类型（高层、多层、低层建筑）限制 3 类。

（4）地下开发限制：针对地下空间开发提出限制要素，以避免地下工程安全隐患，以及地下工程开挖可能带来的环境干扰。

（5）城市活动限制：限制损毁设施和还建，如非法采挖、爆破、烧荒等；限制私自取用资源，如非法取水、采掘矿产、捕猎、砍伐林木、采药等。

3.1.3 杭州控规图则模式

杭州市城市总体规划（2001-2020 年）为实现将森林引入城市，城市建于森林中的目标，基于杭州"西、北、南三面环山，东面临海，中部为平原水网地带"的自然地理特征，建立了"山、湖、城、江、田、海、河"的都市区生态基础网架，规划了 6 条生态带，分别为：径山风景区至闲林、西溪湿地，灵山至西湖风景名胜区，石牛山风景区至湘湖风景区，青化山风景区至新街大型苗木园，钱塘江滨海湿地至生态农业园区，超山风景区至黄鹤山风景区（图 3-4）。为有针对性地确定生态带的规划建设和管理方案，2007 年，杭州市组织编制了《杭州生态带概念规划》，之后，杭州又相继启动了《杭州市西南部生态带保护与控制规划》《杭州市东南部生态带保护与控制规划》等 6 条生态带的保护与控制规划，进一步明确了生态带的保护与控制思路。

3.1.3.1 分区管控，保护核心生态资源

与北京市类似，杭州市在划定生态带后，为进一步加强对生态带内风景名胜区、自然保护区、湿地、水体等重要生态基础设施的保护、规划与建设，结合生态带自身的用地条件与主体功能，杭州市将生态带进一步细分为禁建区、限建区和适建区 3 类，并结合国家、省、市、区、镇各级政府的不同事权，落实管制要求，确保生态带的顺利实施，具体内容见图 3-5、表 3-2。

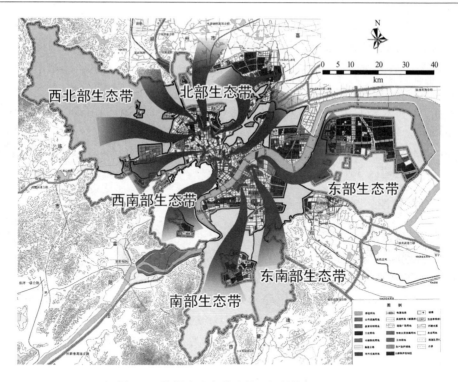

图3-4 杭州市生态带总体空间结构规划图

来源：复旦大学生态规划与设计研究中心，2008

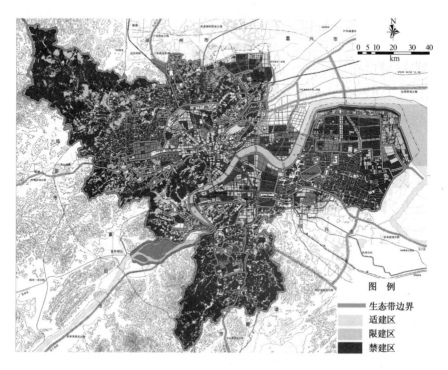

图3-5 杭州市生态带用地分区规划图

来源：复旦大学生态规划与设计研究中心，2008

3 类用地的建设控制原则与措施对照表　　　　　　表3-2

用地分区	定　义	主要类型	建设控制原则与措施
禁建区	包括依法设立的各类省级以上自然保护区、基本农田、水源保护区等，是维持区域生态平衡，提供生态服务功能及维护区域生态安全的关键要素	基本农田保护区	严禁侵占农田，从事采矿、挖土挖沙等一切非农活动
		水源保护区	严格禁止与水源保护无关的任何建设活动
		依法设立的省级以上各类自然保护区	除建设必需的保护设施外，不得增建其他任何工程设施
限建区	生态脆弱性用地；易发生地质灾害的用地；资源承载力较弱，不适合推进大规模城镇建设的区域	自然和人文景观保护区，如风景名胜区、森林公园、重要历史遗迹等	对各类开发建设活动进行严格限制，确有必要开发建设的项目应符合规划管控要求，并对项目性质、规模和开发强度进行严格限制，尽可能降低对自然资源的破坏与影响
		地质灾害易发生区	严格限制各种破坏性的人为开发活动，积极采取各种工程技术措施降低地质灾害的发生
		一般农田地区	鼓励各种农业设施建设，提高用地的产出、产量和农业经营水平，促进低产农田及一般农田向基本农田转化
		山林绿化区	严格保护自然山体景观，严禁任何破坏山体的活动
		重要生态廊道	保留原有自然地形地貌，鼓励在不损害生态能力的前提下进行生态建设及农业生产活动
适建区	自然条件较好，资源环境承载能力较强，适宜集中建设区域	规模化城镇建成区周边适宜开展建设的荒山、平地等	在不超过环境承载力的前提下，以集群的方式进行产业开发，以节约各种资源，增强承接限建区和禁建区超载人口的能力

来源：复旦大学生态规划与设计研究中心，2008。

3.1.3.2　指标控制，制定法定控规图则

规划在对6条生态带进行综合评价的基础上，结合杭州城市总体规划远景布局方案，确定生态带的布局框架、结构类型，在此基础上进一步明确生态带的规模、用地布局范围、边界控制，同时对各生态带提出相应的发展控引导则和建设综合保障机制。

9 类用地划分：农田、林地、园地及苗圃、水体、裸地、城市对外交通干道等沿线绿化带、低密度城镇、高新技术园区及工业区防护绿地、历史文物保护区及自然保护区。

在控制指标研究中，杭州生态带概念规划针对禁建区、限建区和适建区分别提出了相应的控制指标（表3-3）。控制指标分为6大类：

（1）**基本指标**：地块编码、用地性质、现状建设用地比例、现状生态用地比例。

（2）**整体规定性控制指标**：用地面积、人口密度、人口容量、建设用地比例、生态用地比例、生活污水集中处理率、垃圾无害化处理率。

（3）**建设用地控制指标**：用地面积、容积率、建筑密度、建筑限高。

（4）**非建设用地控制指标**：山体、水体、农田、林地、园地、生态保育廊道的面积和尺度控制要求。

（5）指导性指标：用地相容性、土地利用可变度、奖励强度等。

（6）生态建设导引：主要包括生态功能定位、主要保护对象、生态保护要点、生态优化与多样性、土地使用控制以及产业发展方向等指标。

各区通过指标的分级设定，满足禁建区、限建区和适建区的控制要求。

杭州市东南生态带部分整体指标控制表 表3-3

指标名称 \ 区划名称		禁建区	限建区	适建区
人口密度（人/km²）	推荐值	350	1000	2500
	范围	0～500	500～5000	1500～9000
建设用地比例（%）	推荐值	5.25	12	20
	范围	0～7.5	7.5～18	18～50
容积率	推荐值	0.45	0.55	0.65
	范围	0～0.5	0.5～1.0	0.6～1.5
建筑密度（%）	推荐值	25	20	20
建筑限高（m）	推荐值	15	45	81

来源：上海复旦规划建筑设计研究院、复旦大学城市生态规划与设计研究中心，2008。

为进一步对生态带进行空间管制和用地监控，杭州市以控规导则的形式对生态带的每个地块进行了详细的控制，具体导则编制中，按照 10～20km²/个，结合自然山体、地形地貌的边界，划定多个控规导则的控制单元，然后针对每个控制单元编制相应的控规导则，落实上文提到的 6 大类控制指标和要求，具体控制单元划分结果及控规导则范例见图3-6、图3-7、表3-4。

图 3-6　杭州市西南部生态带控制单元划分图

来源：杭州市规划局编制中心、浙江大学城市规划与设计研究所，2008

杭州市生态带控制导则控制指标一览表				表 3-4
生态带控制导则控制指标				备　注
1. 基本指标			地块编码	
			用地性质	
			现状建设用地比例	
			现状生态用地比例	
2. 整体规定性控制指标			（1）用地面积（hm²）	
			（2）人口容量（人）	
			（3）人口密度（人/hm²）	
			（4）建设用地比例（%）	
			（5）生态用地比例（%）	
			（6）垃圾无害化处理率（%）	
			（7）生活污水集中处理率（%）	
分项规定性控制指标	3. 建设用地控制指标		（8）用地面积（hm²）	仅限建区及适建区设置该指标
			（9）准入用地类型	
			（10）准入工业门类	
			（11）容积率	
			（12）建筑密度（%）	
			（13）建筑限高（m）	
	4. 非建设用地控制指标	山体	（14）山体禁建线（m）	
		水体　面状水体	（15）面积（hm²）	
		水体　河道	（16）宽度（m）	
			（17）沿河绿化带宽度（m）	
		水体　其他	（18）水面率（%）	
			（19）水环境质量（类）	
		农田	（20）标准农田面积（hm²）	
			（21）一般农田面积（hm²）	
		林地	（22）面积（hm²）	
			（23）覆盖度（%）	
		园地	（24）面积（hm²）	
		生态保育廊道	（25）面积（hm²）	
			（26）宽度（m）	

续表

生态带控制导则控制指标		备　注
5. 指导性指标	（27）用地相容性	
	（28）土地利用可变度	
	（29）奖励强度	
6. 生态建设导引	生态功能定位	
	主要保护对象	
	生态保护要点	
	生态优化与多样性	
	土地使用控制	
	产业发展方向	

来源：杭州市规划局编制中心、浙江大学城市规划与设计研究所，2008。

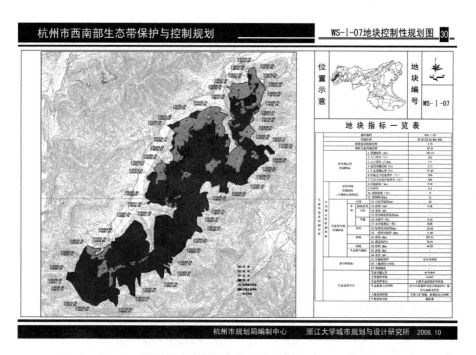

图3-7　杭州市西南部生态带保护与控制规划图则示意
来源：杭州市规划局编制中心、浙江大学城市规划与设计研究所，2008

3.1.3.3　产业引导，促进综合效益提升

首先从宏观层面，对各生态带的功能定位及产业发展与控制引导制定总体导则，范例见表3-5所列。

然后针对具体区域，对生态带进行规划并包装策划形成若干项目，构建项目库，每年度按照项目类别进行建设招商引资。主要分为农业生产项目、农家乐休闲旅游项目、其他项目等 3 类项目。项目实施招商信息范例见表 3-6 所列。

杭州西北部生态带功能布局及产业发展控引导则示意表 　　3-5

名称	功能定位	发展与控引要求
西北部生态带	生态保育和生态控制为主	主导产业以生态农业、生态林业、生态旅游业为主，严格限制传统工业发展，一产及三产比例达到 80%～90% 以上。 近郊生态过渡圈层：重点发展生态农业、生态旅游业、物流业，限制发展一般工业和污染型工业。 城镇开发强度较大的余杭至仓前区域：重点加强南湖—西溪湿地综合保护区的保护性开发；在良渚组团与主城之间，宜形成以中苕溪为主的线状廊道、北湖与周边平原水网为主的水域斑块、以五郎山为主的大型自然植被斑块，重点完善旅游基础服务设施，为发展近郊特色文化旅游创造条件。 对于黄湖、鸬鸟、径山等远郊外围生态圈层区域：重点发展以山地探奇和佛茶文化为特色的生态旅游业，积极开展以百丈镇半山村竹业、径山镇蓝天畜禽养殖等生态农业示范工程、绿色有机食品示范工程、休闲观光生态特色农业示范工程和生态旅游景区保护与建设工程为代表的生态带重点工程建设

来源：复旦大学生态规划与设计研究中心，2008

项目实施招商信息示意表 　　表 3-6

项目名称	项目内容	单位	所在地	总投资额	合作方式	进展情况
桑枝代木栽培食用菌	项目区位于大同镇徐林村，现有桑园万亩，每年产生桑枝 1 万余吨，通过桑枝代木栽培食用菌技术，能达到变废为宝的资源利用目的。主要建设内容包括：购置常压锅炉、灭菌锅炉、搅拌发酵罐、立式消毒柜、多功能装袋机等生产设备，建立接种室、菌种培育室等	建德市蚕桑专业合作社	建德市	1000 万	合资	已有项目可行性报告并已论证通过

来源：杭州市规划局编制中心、浙江大学城市规划与设计研究所，2008。

3.1.4 香港郊野公园模式

3.1.4.1 郊野公园的特征

为有效保护郊野自然资源，抑制城市无序蔓延，为居民提供休闲游憩场所，各国相继开发建设了郊野公园。香港是国内最早设置郊野公园的地区。目前，对郊野公园尚无权威的定义。从总体上看，大多认为郊野公园具有以下特征：

（1）位于城市郊区，具有优良的自然景观资源，如山林坡地、河湖水面、沼泽湿地、良好的林地植被等。

（2）较好的自然生境状态，人为干扰程度低，多样性的生物物种资源。

（3）可达性较好，基础设施完备，可满足居民休闲、游憩、运动、露营、自然知识普及及教育等活动。

3.1.4.2 相关的具体做法

香港政府为了疏散市中心的人口，保护城市生态空间，主要采取兴建新市镇吸引聚集人口和发展郊野公园保护生态环境相结合的模式。

香港政府在1973年开始兴建新市镇，目前已建设9个新市镇，环绕在中心城区周围，是香港的次核心，新市镇居住人口达300万，占全港总人口的1/2，有效疏散了中心城区人口，集约利用了土地资源，改善了居住环境，减轻了基础设施配套的负担。1976年，香港正式颁布了《郊野公园条例》，次年开始，香港大规模展开了以政府为主导推进郊野公园建设的模式，30余年间划定和实施了25个郊野公园（其中1个在规划中）（表3-7）、4个海岸公园和17个特别保护区，总面积达436km²，占香港约40%的土地面积，每年吸引游客约1200万人次（Lin & Gong，2002）。郊野公园政策使得香港在经济的高速发展下，仍可拥有种类繁多的野生动物，具有高度的生物多样性特征，在为香港市民提供良好的生态环境的同时，也提供了大量的休闲空间。

香港郊野公园一览表　　　　　　　　　　　　　表3-7

所属区域	郊野公园名称	面积（hm²）	划定时间
香港岛	香港仔郊野公园	420	1977.10.28
	薄扶林郊野公园	270	1979.9.21
	龙虎山郊野公园	47	1979.9.28
	大潭郊野公园	1315	1998.12.18
	大潭郊野公园（鰂鱼涌扩建部分）	270	1979.9.21
	石澳郊野公园	701	1979
九龙	金山郊野公园	337	
新界东	清水湾郊野公园	615	1979.9.28
	桥咀郊野公园	100	1979.6.1
	林村郊野公园	1520	1979.2.23
	狮子山郊野公园	557	1977.6.24
	马鞍山郊野公园	2880	1979.4.27
	八仙岭郊野公园	3125	1978.4.7
	船湾郊野公园	4594	1978.4.7
	船湾郊野公园（扩建部分）	630	1979.6.1
	西贡东郊野公园	4477	1978.2.3
	西贡西郊野公园	3000	1978.2.3
	西贡西郊野公园（湾仔扩建部分）	123	1996
新界西	城门郊野公园	1400	1977.6.24
	大榄郊野公园	5370	1978.2.23
	大帽山郊野公园	1400	1979.2
	南大屿郊野公园	5640	1978.4.20
	北大屿郊野公园	2200	1978.8.18
	北大屿郊野公园（扩建部分）	2360	

来源：香港郊野与湿地公园保护：政策与管理，http://wenku.baidu.com/view/f50fbef84693daef5ef73db5.html。

通过以上分析，香港郊野公园与新市镇在发展时机、土地利用、功能发挥等方面互为补充，相互制约，在寸土寸金的香港，有效遏制了城市的蔓延，达到了土地开发需求与自然环境保护之间的有机协调。而生态用地以郊野公园的形式，通过赋予观光、游览等生态功能，既妥善解决了生态用地的经济效益问题，又较好地达到经济、社会、环境之间的平衡，充分体现了新型城镇化中生态优先、集约发展的内涵。

3.1.4.3 香港郊野公园的实施机制

（1）完备的法律保障。完善的法律法规是郊野公园前期开发建设、后期顺利实施及维护的根本依据。1976年，香港当局出台《郊野公园条例》，对郊野公园在规划、建设、管理和违反行为上进行了严格的界定，是从次年开始实施的香港郊野公园开发建设的基本依据。继郊野公园条例之后，香港政府还陆续颁布了一系列促进郊野公园建设和管理的法律法规，如《郊外公园和特殊地区的管理规则》《动植物管理条例》《野生动物管理条例》《露营区指引》等，为郊野公园的管理运营提供了法律保障（李信仕等，2011）。

（2）专门机构统一管理。设置专门机构——香港渔农自然护理署（渔护署）负责管理郊野公园，主要工作有植树造林、收集垃圾、防止山火、管制郊野公园内的发展项目和提供郊野康乐等。

3.2 经验与启示

3.2.1 生态先导，保护生态功能

划定城市基本生态控制区的核心目标即为保护其生态功能，维护城市基本生态安全，因此生态先导是城市基本控制区实施的核心准则。在前文4个案例中，生态功能的保护均是城市基本生态控制区保护性利用的前提。但我国当前采用的生态保护方法，大多以适宜性评价、叠加分析为主的评价方法，考虑的也多是生态系统的"垂直"结构，如北京通过对16大类110种限制要素的叠加分析确定生态保护区等，对其"水平"结构优化目前还关注不够，有待进一步研究。

3.2.2 分区管控，明确保护与利用的标准

（1）进行综合生态功能分区。纵观相关案例，如北京、成都、杭州等城市，都开展了城市生态安全格局、城市景观生态格局或城市生态基础设施等规划的制定。通过生态敏感性评价和生态服务功能的分析，划定城市基本生态控制区的源区、廊道、重要生态节点、生态功能网络，为城市构建完整的生态基础设施，维护安全的城市生态格局奠定基础。这样做不仅能明确城市内不同生态用地的生态服务功能和保护目的，还能对不同类型生态分区针对性地提出保护和建设的措施，增强了生态分区规划的科学性和合理性。

（2）进行生态分区"落线"界定。生态分区边界的划定是生态控制区规划中最重要的一环，也是由于牵涉多方利益博弈而争议性最大的部分。许多案例实施时面临的问题都与生态分区的边界有关，做好生态分区"落线"界定工作，能保障规划的落实，提高规划实施的效率。

（3）进行生态用地分类管控。在生态用地内因地制宜地划分不同类型的生态管控区，能在一定程度上平衡生态分区中生态保护和社会经济发展的矛盾。如北京、杭州、成都都因地制宜地将城市基本生态控制区划分成禁止建设区、限制建设区和适宜建设区等多种类型，其中禁止建设区和限制建设区的用地量应占生态控制区总用地量的绝大部分。

3.2.3 功能引导，促进生态用地功能化

从当前国内已有案例可以看出，城市基本生态控制区绝非是简单的绿地边界或城市边界控制，应是"生态控制+城市功能对外疏解+区域产业平衡"的区域，综合管理和利用才是有效的管控方式（杜震等，2013）。结合目前已有的实践经验，城市基本生态控制区的实施，需要以生态保育为基础，以产业为支撑，赋予生态用地以新的功能，促进整体发展。生态用地功能化主要有2种模式：

（1）郊野公园模式，主要针对城市生态控制区中生态最为敏感的禁建区，如水体、山体、水源保护区、森林、湿地、风景名胜区等。该区域以保证原有自然形态为主，禁止任何对生态环境有影响的人工建设行为。该区域可以学习香港的郊野公园建设模式，在生态保育的基础上，根据自身资源特色，赋予观光、游览等生态功能。

（2）都市农业模式。主要针对城市建设区与禁建区之间的区域，以农村地区为主，是生态农业发展区。都市农业模式要求立足城市需求和自身资源特色，合理规划布局都市农业的发展类型；统筹兼顾经济、生态、社会功能，以政府主导、企业带动、市场拉动、农民合作经济组织推动四轮驱动相结合，采取"一村一品"、"一乡一品"、"一区一业"的农业生产格局，促进都市农业向专业化、专门化、规模化、区域化"四化一体"发展。要把农村发展同农民生活水平的提高和城乡经济文化的融合结合起来。

现状已有的案例对生态用地功能化的模式进行了有益的探索，但是如何细化，如何制定适宜的产业发展指引还需进一步研究。

3.2.4 城乡统筹，促进城乡协调发展

城市基本生态控制区主要以乡镇、农村地区为主，目前国内城市普遍关注生态保护而忽略了原住民的经济、社会发展需求。在当前我国城乡统筹的大背景下，如何有效解决农村、农民、农业的"三农"问题，促进城乡一体化发展，是城市基本生态控制区保护性利用规划的最终目标。目前国内城市在城市基本生态控制区保护中普遍存在区域产业平衡方面的不足（杜震等，2013）。在对生态用地进行管控的同时，探讨生态用地中的城镇及乡村的发展路径是迫切需要解决的问题。

具体到物质空间规划上，首先应对城乡空间统筹布局。规划是龙头，必须对城市生态控制区的生态、产业、村民进行统筹规划，制订实施性方案，才能使得城乡统筹真正落到实处。如成都198地区，通过编制《198地区实施规划方案》，对11个区/县进行统筹布局，首先明确生态用地、建设用地的比例，保护生态环境；然后确定优势产业，形成既相互支撑又各具特色的产业类型；最后以区县为单位，编制实施性规划，落实到每个区县的具体建设项目。自2009年以来，成都已经陆续开展了武侯198、锦江198等项目，取得了较好的经济社会效益。

其次，应通过政策引导促进城乡统筹发展。政策是实施的保障，必须出台相应的政策

引导城乡统筹发展。如成都对土地确权颁证，建立农村土地产权交易市场，设立建设用地增减指标挂钩机制，提供农民的公共服务和社会保障，为城市生态空间的保护与发展起到较好的支撑作用，保证了城乡统筹发展的具体实施。

3.2.5 对接控规，直接形成规划管理图则

控制性详细规划是当前城市规划管理最直接、最适用的法定文件，将城市基本生态控制区内各管控要素落实到控制性详细规划图则上，可作为保护性利用规划实施最有效的途径之一。北京、杭州等城市在限建区及生态带规划中，均对其落实到控规中的控制要素和控制方式进行了探索，但由于仍处于初步探讨阶段，到底控制哪些要素，其刚性要素和弹性要素如何界定，如何科学地界定控制要素的具体指标等，还有待进一步探讨。

3.3 本章小结

当前，国内与城市基本生态控制区保护性利用规划相关的典型实践主要有以香港为代表的郊野公园模式、以成都为代表的功能主导模式、以北京为代表的分区管控模式和以杭州为代表的控规图则模式4种。本章在全面介绍这4种模式特点的基础上，认为：城市基本生态控制区的保护性利用规划必须生态优先，以保护其生态功能为基本前提；然后进行分区管控，明确各地块保护与利用的要求；再根据管控要求进行功能引导，促进生态用地功能化，发挥生态、经济、社会等综合效益；同时，在进行发展建设过程中，还应注重城乡统筹，统筹解决好位于城市基本生态控制区范围内乡村、村民自身的产业发展和村庄建设；最后，将以上所有的引导措施及管控要求落实到控规图则上，直接对接规划管理与实施。本章通过总结既有经验，分析存在的问题，为建立适宜中国国情的城市基本生态控制区保护性利用规划理论框架及技术路径奠定基础。

4 城市基本生态控制区保护性利用规划的理论框架

基于前文理论综述及典型实践的分析，可以看出城市基本生态控制区是一个复杂的巨系统，具有多功能、复合性的特征，对其进行保护性利用规划必须针对其特征，构筑坚实的理论平台，通过不同的视角、不同的观念对其进行全面的认识，从而更科学、更准确地对其进行保护与利用。本章基于生态资源保护及生态资源利用2条主线，分别解读城市基本生态控制区生态资源保护、生态资源利用的内涵，然后探讨保护与利用的耦合关系，以对城市基本生态控制区提出具体的规划对策，达到可持续的管控目的。本章具体的研究框架如图4-1所示。

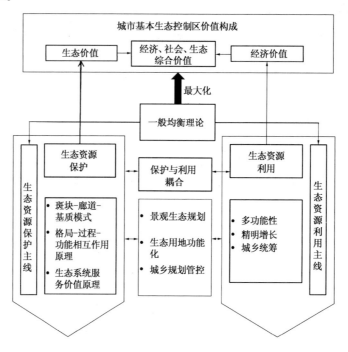

图4-1 城市基本生态控制区保护性利用规划理论框架构建框图

4.1 城市基本生态控制区生态资源的保护

城市基本生态控制区生态资源保护的相关理论较多，本章主要选取与城市基本生态控制区保护性利用关系密切的主要理论进行阐述。

4.1.1 基于景观生态学的城市基本生态控制区生态资源保护

景观生态学是地理学、生态学以及系统论、控制论等多学科交叉、渗透而形成的一门新的综合学科（傅伯杰等，2001）。景观生态学（Landscape Ecology）的概念最初是由德国植物学家特罗尔（Troll）在 1939 年利用航片解译研究东非土地利用时提出来的，用来表示对支配一个区域单位的自然—生物综合体的相互关系，特罗尔并不认为其是一门单独的学科。之后，随着德国汉诺威工业大学景观管理和自然保护研究所等机构和学者对其研究的逐步深入，作为一门学科，20 世纪 60 年代在欧洲形成，德国、荷兰、捷克成为三大研究中心（Naveh and Lieberman，1984）。20 世纪 80 年代初，景观生态学在北美受到重视，并迅速发展成为一门很有朝气的学科。其中，在捷克于 1982 年 10 月举行的第六届景观生态问题国际研讨会上成立的国际景观生态学会（IALE），标志着景观生态学走向一个新的发展水平。1998 年，国际景观学会将景观生态学定义为"对于不同尺度上景观空间变化的研究，它包括景观一致性的生物、地理和社会的因素，它是一门连接自然科学和相关人类科学的交叉学科"。

景观生态学是一门研究景观单元的类型组成、空间格局及其与生态学过程相互作用的综合学科，研究的重点是空间格局、生态学过程与尺度之间的相互作用（蔡云楠等，2014）。景观结构、功能和动态的相互关系以及景观生态学中的基本概念和理论如图 4-2 所示。

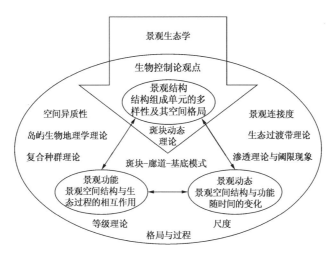

图 4-2　景观结构、功能和动态的相互关系以及景观生态学中的基本概念和理论
来源：邬建国，2000

斑块（Patch）—廊道（Corridor）—基质（Matrix）是构成并用来描述景观空间格局的基本模式。景观格局是生态过程的载体，生态过程中包含众多塑造格局的动因和驱动力。景观格局与生态过程相互作用，驱动着景观的整体动态，并呈现出一定的景观功能特征，这种功能与人类需求相关联，即构成人类生命支持系统的核心——生态系统服务（苏常红等，2012）。

4.1.1.1　斑块—廊道—基质理论

"斑块—廊道—基质"是由福曼等提出的（Forman& Godron，1986；Forman，1995），该模式使得对景观结构、功能和动态的表述更为具体、形象。

1. 斑块

斑块是景观在空间比例尺上所能见到的最小异质性单元，它既可以是无生命的，如裸岩、土壤或建筑物等，又可以是有生命的，如动植物群落。

根据斑块的成因可分为 4 种类型：干扰斑块、残存斑块、环境资源斑块、引进斑块。干扰斑块是由基质内的局部干扰引起的，如一场森林大火后，受到火烧的区域就是森林景观中形成的干扰斑块。残存斑块是基质受到大面积干扰后残留下来的未受干扰的小面积区域，如景观遭火烧后残留的植被斑块。环境资源斑块是环境资源中的空间异质性或镶嵌分布而形成的斑块，如沙漠中的绿洲、海洋中的岛屿等。引进斑块是由人为活动把某些物种引进某一地区所形成的斑块，如由人类引种植物的麦田、果园等的种植斑块，有人类定居形成的村镇等聚居斑块等。

2. 廊道

廊道是指在城市建设过程中预留或规划出的自然或近自然的狭长地带。自 20 世纪 60 年代末起，生态廊道被认为可以促进植物和动物在多个栖息地之间的移动，从而减小由栖息地的丧失和破碎化所导致的物种灭绝现象，生态廊道由此成为保护生物多样性的常用措施（俞孔坚等，2005）。

廊道的功能：廊道在城市生态系统中的主要生态功能可以归纳为：①生境功能，如沿河绿带、植被条带等，为动植物提供栖息地；②传输通道功能，如为植物体传播，动物以及其他物质随植被或河流廊道在景观中提供通道；③过滤和阻抑作用，如道路、防风林带及其他植被廊道对能量、物质和生物（个体）流在穿越中的阻截作用；④作为能量、物质和生物的源或汇（俞孔坚等，2005）。除此之外，廊道还具有遗产保护、游憩及美学功能（Vassilios，1995）。

廊道的数目：生态廊道数目的多少没有明确规定，在满足基本功能要求的基础上，生态廊道的数目通常被认为越多越好（朱强，2005）。对每个源地而言，与其他源地联系的廊道应至少有 1 个，2 条通道将会增加源地安全性，而 3 条以上的廊道虽然能增加源地的安全性，但其战略意义远不如第一及第二条（俞孔坚等，2005）。

廊道的宽度：廊道的宽度与其生态功能的实现有着密切的关系。不同宽度的生态廊道具有不同的生态功能，各国学者对要达到不同物种生态保护功能的廊道宽度设置作了详细的研究，俞孔坚等人（2005）进行了详细的总结。一般认为，生态廊道数量增加，可减少生态流被截留和分割的概率，一般认为越多越好；生态廊道的宽度增加，可减少边缘效应影响，利于廊道内部物种的生长和稳定，发挥良好的生态功能，一般认为越宽越好。

3. 基质

基质是景观中面积最大、连通性最好的景观要素类型，如草原、沙漠等。基质的判定，主要有相对面积、连通性、控制程度 3 个标准。

相对面积：如果景观中的某一要素所占的面积超过其他要素类型的总面积时，就应该认为这种要素类型是基质。这是确定基质的第一条标准。但有时用面积很难判断出基质，如在大多数景观中，并没有一种要素其面积占绝对优势，这就需要用其他标准来判定。

连通性：是对廊道、网络或基质空间连接程度或连续程度的度量。当很难从面积判断基质时，就可用第二标准，即连通性，基质的连通性一般较其他现存景观要素高。

控制程度：判断基质的第 3 个标准，即如果景观中的某一要素对景观动态控制程度较其他要素类型大，它就是基质。

相对面积最容易估测，动态控制程度最难评价，连通性介于两者之间。从生态意义上看，控制程度的重要性要大于相对面积和连通性。因此，确定基质时，最好先计算全部景观要素类型的相对面积和连通性。如果某种景观要素类型面积较其他景观要素大得多，就可确定其为基质。如果经常出现的景观要素类型的面积大体相似，那么连通性最高的类型可视为基质。如果计算了相对面积和连通性标准之后，仍不能够确定哪一种景观要素是基质时，则要进行野外观测或获取有关物种组成和生活史特征信息，估计现存哪一种景观要素对景观动态的控制作用最大（傅伯杰等，2003）。

4.1.1.2　景观格局与生态过程相互作用原理

景观生态学研究的核心是景观格局与生态过程，两者相互作用，呈现出一定的景观功能，即为生态系统服务的主体。

1. 景观格局及研究方法

景观生态学中的格局，往往是指空间格局，即斑块和其他组成单元的类型、数目以及空间分布与配置等（邬建国，2000）。景观是指由多个生态系统构成的异质性地域，或不同土地利用方式的镶嵌体。景观格局指构成景观的生态系统或土地利用类型的形状、比例和空间配置。它是景观异质性的具体体现，又是各种生态过程在不同尺度上作用的结果（苏常红等，2012）。

景观格局研究方法主要有 2 类：一是景观空间格局指数方法，二是景观格局分析模型方法。

景观格局指数是指高度浓缩的景观格局信息，是反映景观的结构组成、空间配置特征的指标。景观格局指数主要包括 2 个部分：①景观单元特征指数：用于描述斑块面积、周长和斑块数等特征的指标；②景观整体特征指数：包括多样性指数（Diversity Index）、镶嵌度指数（Patchiness Index）、距离指数（Distance Index）及生境破碎化指数（Habitat Fragmentation Index）4 种类型。由于景观格局指数十分丰富，手工计算工作量浩大，因此，目前出了专门用于计算景观格局指数的 Fragstats 软件，可基于景观斑块的面积、周长、数量和距离等基本指标计算景观格局指数。

景观格局分析模型主要是针对景观的组成和结构，景观中斑块的性质和参数的空间相互作用，景观格局的趋向性，景观格局在不同尺度上的变化，景观格局与景观过程的相互关系等内容进行的量化研究。针对不同的研究目的，很多在数学、物理学等学科中的方法均可运用，因此景观空间格局分析模型非常丰富，当前运用比较广泛的有：用于分析空间自相关的地统计学方法，用于分析格局周期性的谱分析，用于分析格局梯度特征的趋势面分析和亲和度分析，用于分析尺度变化的聚块样方方差分析，用于分析景观相互作用、局部因果关系的多体系统所表现出的集体行为及其时间演化的元胞自动机等。

2. 生态过程及研究方法

与景观格局不同，生态过程强调生态事件或现象发生、发展的动态特征。景观中存在着一系列的生态过程，包括生物过程与非生物过程：生物过程如种群动态、种子或生物体的传播、捕食作用、群落演替、干扰传播等，非生物过程如水循环、物质循环、能量流动、干扰等。生态过程还包括同一景观单元或生态系统内部的垂直过程，以及在不同景观单元或生态系统间的水平过程。

生态过程的研究方法根据研究尺度的不同，主要分为3类：①小尺度的实地观测和定点实验方法，如在小区与坡面尺度上采用仪器定点测量土壤呼吸等。定点实验离不开长期生态学研究的支持，世界范围内已经建立起的生态研究网络包括英国的环境变化网络（ECN）、全球陆地监测系统（GTOS）、全球海洋监测系统（GOOS），美国的长期生态学研究网络（LTER），中国的生态系统研究网络（CERN）和森林生态系统研究网络（CFERN）等。②中尺度的多元数据融合方法，随着研究尺度的加大，定位监测和实验已变得不可实现，合理的取样策略和监测方案显得非常重要。多元数据融合和多学科方法的综合运用成为解决问题的有效手段。③大尺度下的模型构建方法，如陆地生态系统模型、流域水文模型等（苏常红等，2012）。

3. 景观格局与生态过程的相互作用

任何生态过程都以一定的景观空间为依托，景观对于生态过程而言具有宏观的控制作用；生态过程与景观空间在现实世界中相互交融表现出非线性的耦合与反馈关系。两者关系可归纳为3种类型：①单向关联；②生态过程的非空间性；③格局与过程节律的不同和空间尺度域特征的不同。现实世界中，格局与过程是不可分割的，已有研究中为了使问题简化而各有侧重，相应地也带来一些弊端，如就格局论格局，忽视格局的生态学意义，或者简单地将两者的关系归为因果关系等（苏常红等，2012）。

4.1.2 基于生态系统服务价值理论的生态资源保护

4.1.2.1 生态系统服务的概念

自从坦斯利（Tansley）1935年提出生态系统的概念后，以生态系统为基础的生态学研究已经形成了科学的体系（谢高地、鲁春霞等，2001）。生态系统是指由植物、动物及微生物群落与其无机环境相互作用而构成的一个动态、复合的功能单位（赵士洞，2006）。1970年，联合国大学（United Nations University）发表的《人类对全球环境的影响报告》中首次提出生态系统服务的概念，同时列举了生态系统对人类的环境服务功能（SCEP，1970），其后霍尔德（Holder，1974）、韦斯特曼（Westman，1977）和奥德姆（Odum，1986）等进行了早期较有影响的研究。但直到1991年后，关于生物多样性和生态系统服务价值评估方法的研究和探索才逐渐增多（赵军等，2007）。1997年科斯坦萨等13位学者在《自然》（Nature）上发表的《全球生态系统服务与自然资本的价值》（The value of the world's ecosystem services and natural capital）一文取得突破性进展。科斯坦萨（Costanza，1997）等认为生态系统服务是指人类直接或间接地从生态系统中获得的收益。生态系统服务来源于生态系统的功能，不同的生态系统服务来源于生态系统的不同功能（侯元兆和吴水荣，2008）。

4.1.2.2 生态系统服务的类别

生态系统服务有哪些类别？被广泛认可的主要有2种分类，一是科斯坦萨（Costanza R.，1997）等将生态系统服务分为17大类（表4-1）：大气调节、气候调节、土壤形成、干扰调节、养分循环、水调节、废弃物处理、供水、控制侵蚀和保持沉积物、授粉作用、生物控制、生物避难所、食物生产、原材料、基因资源、游憩、文化。二是MA①的四大类，分别为：①供给服务，即由生态系统生产的或提供的服务，如提供食物、淡水、木材、生物化学品等；②调节服务，即由生态系统过程的调节功能所得到的益惠，如调节大气质量、调节气候、减轻侵蚀、调节自然灾害等；③文化服务，即由生态系统获取的非物质惠益，如精神、娱乐、休闲和生态旅游等；④支持服务，即生态系统为提供其他服务（如供给服务、调节服务和文化服务）而必需的一种服务功能，例如生产生物量，生产大气氧气，形成和保持土壤，养分循环、水循环以及提供栖息地。支持服务并不能直接为人类利用，而是为产生其他所有的服务而必需的那些生态服务，它们与供给服务、调节服务和文化服务的区别在于，其对人类的影响是通过间接的方式（张永民译，2006）。

科斯坦萨生态系统服务项目表　　　　　　　　　　　　　　　　　　表 4-1

序号	生态系统服务	生态系统功能	举例
1	气体调节	大气的化学成分调节	CO_2/O_2 平衡，O_3 防紫外线，SO_2 平衡
2	气候调节	全球及地区性气候调节	温室气体调节，影响云形成的 DMS 产物
3	干扰调节	生态系统对环境波动的容量衰减和综合反应	洪水控制、风暴防止、干旱恢复等生境对主要受植被结构控制的环境变化的反应
4	水调节	水文调节	为工业、农业和运输提供用水
5	水供应	水的贮存和保持	向集水区、水库和含水岩层供水
6	控制侵蚀和保肥保土	生态系统内的土壤保持	防止土壤被风、水侵蚀，把淤泥保存在湖泊和湿地中
7	土壤形成	土壤形成的过程	岩石风化和有机质积累
8	养分循环	养分的贮存、循环和获取	固氮，氮、磷和其他元素及养分循环
9	废物处理	易流失养分的再获取，过多或外来养分、化合物的去除或降解	废物处理、污染处理、解除毒性
10	传粉	有花植物配子的运动	提供传粉者以便植物种群繁殖
11	生物防治	生态种群的营养动力学控制	关键捕食者控制被食者种群，顶位捕食者使食草动物减少
12	避难所	为常居和迁徙种群提供生境	育雏地、迁徙动物栖息地、当地收获物种栖息地或越冬场所
13	食物生产	总初级生产中可用作食物的部分	通过渔、猎、采集和农耕收获的鱼、鸟兽、作物、坚果、水果等
14	原材料	总初级生产中可用作原材料的部分	木材、燃料科学产品
15	基因资源	独一无二的生物材料和产品的来源	医药、材料科学产品，用于农作物抗病和抗虫的基因，家养物种
16	休闲娱乐	提供休闲旅游活动机会	生态旅游、钓鱼运动及其他户外游乐活动
17	文化	提供非商业性用途的机会	生态系统的美学、艺术、教育、精神及科学价值

来源：Costanza R et al.，1997。

---

① MA 即"千年生态系统评估"，是由时任联合国秘书长安南于 2001 年 6 月宣布启动的一项为期 4 年（2001 - 2005 年）的国际合作项目，这是在全球范围内第一个针对生态系统及其服务与人类福祉之间的联系，通过整合各种资源，对各类生态系统进行全面、综合评估的重大项目。

我国对生态系统服务的分类多来源于以上 2 种，如在科斯坦萨等分类基础上谢高地等学者（2003）将青藏高原生态系统服务分为气体调节、气候调节、水源涵养、土壤形成与保护、废物处理、生物多样性维持、食物生产、原材料生产、休闲娱乐 9 大类，后被伍星等学者（2009）运用到长江上游生态系统服务价值的评价中；赵晟（2015）在对舟山海域生态系统服务价值评估中，基于 MA 的 4 类分类，将其进一步细分为食品生产（供给），气候调节、气体调节、生物控制（调节）、教育科研（文化），废弃物处理（支持）6 类。

总的来说，MA 的类别类似于大类，相对较为全面，科斯坦萨等的类别类似于中类，可相应归纳到 MA 的 4 大类中。

4.1.2.3 景观格局与生态过程驱动生态系统服务

生态系统作为一个整体，它通过不同的生态过程为人类提供服务。生态过程、功能、服务既紧密联系又相互区别。过程是功能及服务的前提，不同生态过程互相关联产生不同的功能，当这些功能被人类所需求，便成为生态系统服务，产生生态系统服务的价值，人类从中获取效益。生态系统服务与功能的区别在于：前者是建立在后者基础之上的，依人类需求而产生；后者是生态系统结构外在表现和固有属性，不以人的意志为转移。

4.1.3 解读城市基本生态控制区生态资源保护的内涵

首先，从保护的对象来说，城市基本生态控制区生态资源的保护不是保护物质空间，而是保护其持续提供生态系统服务的能力。

其次，从保护的方式来说，城市基本生态控制区的保护不是消极的、静态的保护，而是要根据其特征，赋予相应的功能，进行积极的、动态的保护。传统消极、静态的生态保护将生态资源孤立起来，简单地将其作为没有其他功能的"禁地"，往往成为"纯公益性"项目，人们"谈生态而色变"。积极、动态的保护提倡在进行城市基本生态控制区保护时，既将其作为维护人类基本生存环境，保障城市生态安全的一种生态资产，又依据其多功能性，将其作为支撑社会经济增长的一部分。在生态价值评估的基础上，对可进行低强度开发的区域，根据其生态资产特质，发展其能够提供的功能和效益；反过来，为了其功能和效益发挥的最大化，地区利益主体必将对其生态进行等值的修复和建设，最终促进生态环境在发展中保护，在保护中发展的良性循环，使自然资源保护和土地开发达到有机协调。如香港的郊野公园，在保护的同时，根据公园自身特征赋予相应的功能，作为居民漫步、健身、远足、烧烤、家庭旅行及露营等的场所，每年接待游客达到 1200 万人次，既满足了市民休闲娱乐的需求，又保护了生态资源，为城市生态安全提供了保障。

再次，从保护的方法来说，应根据生态资源的特征，从 2 个层面进行保护：一是生态重要性保护，生态重要性反映了生态要素在生态系统服务方面的重要作用。生态重要性保护即保护对生态系统服务具有重要意义的生态要素，如大型的山体、湖泊、湿地等。在保护理论上，遵循生态系统服务最优化原理。二是生态脆弱性保护，生态脆弱性反映了某类资源在区域/局部生态系统过程维持的关键性和必要性，当这类要素受到影响或者改变后，对区域生态系统的结构、功能完整性具有关键性影响和破坏。生态脆弱性越高，越应该对其进行保护。生态脆弱性保护即保护生态系统中的关键格局和要素，如重要的廊道等。在保护理论上，遵循景观生态学的格局—过程—功能原理，既保护生态系统的垂直格局，又保护生态系统的水平格局。

4.2 城市基本生态控制区生态资源的利用

城市基本生态控制区保护性利用规划作为一种城乡规划类型，一般普遍应用的城市规划理论对于生态控制区规划同样适用。考虑到生态用地与建设用地之间具有有机融合、相互依存、共生共荣的生态耦合关系，对于许多大城市，城市基本生态控制区的划定，实际上也是为了控制建设用地的无序蔓延，促进城市土地集约利用。因此，本节重点对城市增长管理、城乡统筹等相关理论及知识进行梳理。

4.2.1 城市生态资源的多功能性特征

城市基本生态控制区是维系城市人类社会生活的生命基础，为人类的社会、经济和文化生活创造和维持着许多必不可少的环境资源条件，具有与城乡建设与发展直接相关的多元功能（蔡云楠等，2014）。城市基本生态控制区不仅是确保区域生态安全，保障城乡可持续发展的支撑，同时还具有农业生产、基础设施承载、旅游休闲、文化景观等多种价值，为人类生存和城乡发展提供了许多种类的环境和资源方面的生态服务功能效益，体现在生态、经济、社会服务的多个方面。

生态功能：城市化过程的生态学实质是将自然生态系统改变为人工系统的过程，原来的生态结构与生态过程通常被改变，自然的能流过程、物质代谢过程被人工过程所替代。城市基本生态控制区是区域自然生态系统的重要组成部分，是城乡生态环境的主要支撑者，具有自然产品生产，物质循环的维持和稳定，大气环境和水环境净化和保护，生物多样性的产生和维持等多种功能。

经济功能：城市生态用地不仅是农、林、牧、副、渔等农业生产的主体区域，同时也是旅游、休闲、教育、科研等生态型、服务型的物质空间，还为城市及区域性交通、通信、能源等基础设施提供承载空间，具有产业支撑、基础设施承载、防灾避险等经济功能。

社会功能：城市生态用地也是向人类提供休闲娱乐、美学教育功能的场所。人类在长期自然历史演化过程中，形成了一种与生俱来的对自然的情感心理依赖和欣赏享受的能力。在自然之中，相对和谐的草木万物，有助于人的身心整体健康，尤其在现代快节奏、高强度的城市生活中，城市基本生态控制区能为城市居民提供大量的绿色休闲场所，具有较好的休闲娱乐、美学教育功能。

在城市基本生态控制区保护性利用规划中，如何在不削弱生态系统服务的前提下，充分组织和发挥生态、经济、社会等功能，是保护性利用规划的关键。

4.2.2 基于精明增长理论的生态资源利用

随着人类的发展，对地球资源的过度开采与利用造成的无法弥补的生态环境问题已经从根本上危及了人类社会的未来。1987年可持续发展思想的提出广泛影响了人类对世界、城市、生活的重新认识，城市重新思考新的空间组织模式。

精明增长（Smart Growth）是在此背景下，由美国规划师协会针对郊区化发展带来诸多问题而提出来的。城市精明增长的十大原则包括：①混合型的土地使用；②密集紧凑型建筑设计；③创造多种住宅机会和选择，提升城市住房的可支付性；④创造适于步行的邻里社区；⑤培养特色型、魅力型社区；⑥保留开放空间、耕地、自然美景和主要环境保护区域；⑦加强并将城市发展引向现有的社区；⑧提供各种交通选择；⑨使城市发展决策具有可预测性、公平性和成本经济性；⑩鼓励社区和业主在发展决策制定过程中与政府和规划机构合作。

从规划目标而言，城市基本生态控制区规划与精明增长有异曲同工之妙，目的都是为了优化城市空间结构，提升城市生态系统对人类的支持能力。城市精明增长是一种精心规划过的发展模式，通过保护农地和绿色空间，给城市和社区注入新的活力，保持城市住房的可支付性，同时提供多种城市交通方式。此外，城市基本生态控制区规划的最终目标还是服务于城市，服务于人，精明增长理论多样的规划手段与理念，也丰富了城市基本生态控制区规划的思维，并深深影响着当前城市基本生态控制区规划内涵和价值取向。

4.2.3 基于城乡统筹理论的生态资源利用

城市和乡村作为区域发展的两大主体，二者的关系一直是国内外学者和政府决策者研究关注的重点和热点问题之一。

中国20世纪50年代形成的城乡二元体制及改革开放后进入加速城市化过程后，仍以"城市倾向"造成城乡二元结构成为中国现阶段经济社会的突出特征，并成为制约经济发展的重要矛盾。乡村一直处于为城市"输血"的态势，由此引来城乡差距增大、三农问题突出等一系列社会、经济问题。"城乡统筹发展"的实质是打破城乡二元结构，将城市与乡村作为一个有机整体，在产业发展、功能配置、公共服务设施布局、劳动就业、社会保障等方面统筹考虑，发挥城市对乡村的带动作用和乡村对城市的促进作用，促进城乡协调发展。

城市基本生态控制区绝大部分为乡村地区，在被列为生态保护区域以后，不能简单地将控制区内的乡村作为发展受限的区域，这样将进一步激化矛盾，带来诸多社会问题，不利于城市基本生态控制区的实施。城乡统筹理论则为城市基本生态控制区的保护性利用提供了很好的指导，即通过在产业、空间、基础设施的配置上进行合理引导，在不损害生态控制区生态系统服务的前提下，为广大乡村居民创造更多的就业机会，为城市基本生态控制区的实施提供更多的可能。

4.2.4 解读城市基本生态控制区生态资源利用的内涵

首先，从利用的目的来看，生态资源的利用是为了积极的保护，避免在城市基本生态控制区划定后实施过程中出现被侵占的局面。从传统生态用地的保护来看，简单的一抹绿色往往带来生态用地被蚕食的局面，城市基本生态控制区的利用即通过对城市基本生态控制区不同生态资源自身特征及在整体生态系统中所处的角色和地位的分析，赋予相应的功能，通过积极的引导促进综合效益的最大化，最终使得基本生态控制区得到切实的保护。因此，城市基本生态控制区的资源利用必须坚持生态优先的理念，其保护性利用不能损伤生态系统的服务功能，利用是在保护的前提下进行的利用，生态优先是保护性利用的基本前提。

其次，从利用的方式来看，一是城市基本生态控制区生态用地在功能选择上，既要适合其在生态系统中的角色和地位，又要与城市的功能互补；二是要制定必要的规划管控措施，对接法定的规划管控方式，比如控制性详细规划，便于管理操作；三是城市基本生态控制区的利用必须坚持公平公正的理念，长期以来都是农村反哺城市，城市基本生态控制区的划定，对该地区的发展提出了许多的限定条件。因此，在利用时要坚持公平公正的理念，通过建立适当的机制来反哺生态区，如运用开发权转移等制度。

4.3 城市基本生态控制区生态资源保护与利用的耦合

4.3.1 城市基本生态控制区生态资源保护与利用耦合的理论逻辑

4.3.1.1 传统生态资源保护与生态资源利用的平行框架

传统以生态资源保护为主线的景观生态框架和以资源利用为主线的区域发展框架，虽然在各自领域的研究均趋于多元化和纵深化，但是由于目标导向的差异导致两者之间没有交集，甚至由于空间政策的差异，两者之间还存在着冲突，因此，呈现平行发展的特征（图4-3）。

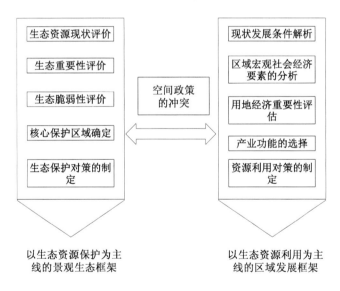

图4-3 传统生态资源保护与生态资源利用的"平行框架"图

4.3.1.2 生态资源保护与生态资源利用的均衡关系

如何打破生态资源保护与生态资源利用的平行关系，建立保护与利用耦合的协调关系，是城市基本生态控制区保护性利用的关键。而在此方面，瓦尔拉（Léon Walras）提出的一般均衡理论为我们奠定了理论基础。

1874年，瓦尔拉在《纯粹经济学要义》中首次探讨了一般均衡的问题，提出了一般均衡理论。一般均衡理论将市场作为整体的经济系统，考虑其处于均衡状态时，所有消费品和生产要素的需求、供给与价格将如何处于均衡状态。

瓦尔拉的一般均衡理论要求满足如下几个基本假设：

（1）不存在供求双方的信息不对称，即要求市场行为的参与者拥有关于市场的完全信息；

（2）不存在不确定的因素影响市场运行；

（3）不存在虚假交易，所有的交易都是在市场均衡价格形成时达成；

（4）不存在剩余，即经济系统具有充分的容量，有足够多的参与者。

但即使在如此严格的假设条件下，瓦尔拉的一般均衡仍有重大缺陷，因为即使市场体系中需求解的未知价格变量个数与联立方程的个数相等，也不能确保得到一个解，除非方程是线性的，而且方程之间线性无关。除此以外，瓦尔拉的一般均衡理论还不能排除唯一均衡解中价格为零和价格为负的情况。

在瓦尔拉之后，帕雷托（Pareto）、希克斯（Hicks）、诺伊曼（Ronald Neumann）、塞缪尔森（Samuelson）、阿罗（Arrow）、德布勒（Debreu）及麦肯齐（McKenzie）等人对一般均衡理论进行了修正和发展。阿罗和德布勒从集合论与拓扑的角度证明了一般均衡体系在严格的假定条件下，存在有稳定的均衡解，并满足经济效率的要求。在该稳定的均衡下，即使经济系统受到波动，偏离到一个非均衡的状态，市场的力量也会自动地使经济系统重新回到新的均衡状态。

具体到城市基本生态控制区，它存在"完全保护"、"完全利用"、"保护性利用"等多种可能，保护产生生态效益，利用产生经济效益，保护性利用的均衡点即在保护与利用效益均衡的情况下获得。由于城市基本生态控制区的土地有保护、利用或保护性利用等多种类型，因而可以将城市基本生态控制区分为土地保护（生产要素）和土地利用（商品）2个市场。保护得太多，没有经济效益，利用得太多又损伤了生态，保护性利用就是要找到土地保护与土地利用的平衡，这个平衡点就是均衡状态。本书基于瓦尔拉的一般均衡模型，构建城市基本生态控制区保护性利用规划的理论模型：

1. 土地利用的需求方程

$$\sum_{j=1}^{n} a_{ij}X_j = r_i \tag{4-1}$$

在土地利用技术及规模报酬保持不变，同时，各种要素都被充分利用的情况下，式（4-1）左边所表示的对土地利用的需求量等于等式右边的生产需求量，这就表示土地利用市场处于一般均衡状态。其中，a_{ij}表示土地利用技术系数，X_j表示为第j种土地利用的生产量，r_i表示生产中所使用的第i种土地利用量。

2. 土地保护的需求方程

$$X_j = f_j(P_1, P_2, \cdots, P_n; V_1, V_2, \cdots, V_n) \quad (j = 1, 2, \cdots, n) \tag{4-2}$$

式（4-2）中的P_j为第j种土地保护的价值系数，V_j为第j种土地利用的价值系数。

3. 土地保护的成本方程或土地保护的供给方程

$$\sum_{j=1}^{n} a_{ij}V_i = P_j \quad (j = 1, 2, \cdots, m) \tag{4-3}$$

式（4-3）左边为单位土地保护的生产成本，在假定土地保护市场是完全竞争市场情况下，土地保护价值系数的均衡值等于各种土地保护每一单位的成本，式中P_j是第j种土地保护的均衡价格。

4. 土地利用的供给方程

$$r_i = G_i(P_1, P_2, \cdots, P_n; V_1, V_2, \cdots, V_n) \quad (i = 1, 2, \cdots, n) \tag{4-4}$$

从该式可以看出，土地利用的供给，决定于该要素的价格，并且决定于其他要素和其他商品的价格。

5. 均衡条件

$$\sum_{j=1}^{n} P_j X_j = \sum_{i=1}^{m} V_i r_i \tag{4-5}$$

从式（4-1）~式（4-5）5个方程中所表示的第 j 种土地保护和第 i 种土地利用的供求方程不完全独立，需要通过供求均衡约束而相互关联。

根据式（4-5），可以得到城市基本生态控制区土地利用和保护均衡的图形解释（图4-4）。

土地保护和土地利用的平衡，也就是图中的 n 点，在该土地使用程度（保护性利用）下，实现了经济效益和生态效益的平衡。非限制性利用（利用）即图中的 q 点，土地使用程度为 q，实现了较高的经济效益，

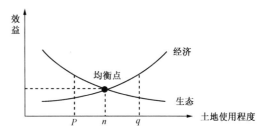

图4-4 保护与利用的均衡状态示意图

较低的生态效益。限制性利用（保护）即图中的 P 点，在该种情况下，由于限制性利用，因而，具有较低的经济效益，较高的生态效益。

4.3.1.3 保护与利用均衡点的确定

根据上文，要获得保护与利用的均衡状态，关键是 n 点的确立，如何确定 n 的状态，在此方面，景观生态规划为我们搭建了生态资源保护与利用耦合的桥梁。

景观生态规划是运用景观生态学的原理和方法，结合其他相关学科知识，以研究景观格局与生态过程以及人类活动与景观的相互作用为重点，在景观生态分析、综合评价的基础上，对景观空间结构与功能进行合理规划，使斑块、廊道及基质等景观要素空间布局结构合理，能量流、信息流、物质流及价值流有组织、有秩序地流动，使景观不仅符合生态学原理，也符合艺术与科学的结合。景观生态规划扎根于景观生态学，是景观生态学的有机组成部分。具体而言，根据斯泰尼茨（steinitz，1970）、纳韦、利伯曼（Naveh 及 Lieberman，1993）等众多学者对景观生态规划的研究，其内涵主要有以下6个方面：

（1）景观生态规划具有高度的综合性，涉及景观生态学、地理学、生态经济学、人类生态学、社会政策法律等不同学科；

（2）景观生态规划建立在理解景观与自然环境的特征、生态过程及其与人类活动的关系基础之上；

（3）景观生态规划的目的是通过对景观结构与生态过程及人与自然的关系的协调，处理好生产与生态、资源开发与保护、经济发展与环境平衡的关系，最终优化生态系统服务的效益，促进人与自然的和谐永续发展；

（4）景观生态规划不是建立封闭的景观生态系统，而是强调立足于本地自然、社会、

经济潜力，达到生态环境功能和社会经济功能的互补与协调；

（5）景观生态规划侧重于物质空间规划层面的土地利用空间配置；

（6）景观生态规划不仅协调自然过程，还协调文化和社会经济过程。

在规划方法上，景观生态规划是一个综合性的方法论体系，一般遵循自然优先、可持续性、异质性、针对性、综合性、多样性及生态美学的原则，其规划的内容一般分为景观生态调查、规划方案分析、景观生态分析与综合3个相互关联的方面，在具体操作中，一般包括确定规划范围与规划目标、景观生态调查、景观空间格局与生态过程分析、景观生态分类和制图、景观生态适宜性分析、景观功能区划分、景观生态规划方案评价及调整7个步骤（图4-5）。

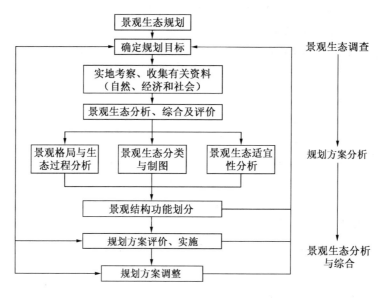

图4-5　景观生态规划流程图

来源：傅伯杰等，2011

基于城市基本生态控制区的生态资源保护内涵，生态保护即优化景观格局，合理规划景观空间结构与功能；基于城市基本生态控制区的生态资源利用的内涵，资源利用即在保护生态资源提升生态系统功能的前提下，赋予相应的功能，进行适当的利用。以优化景观空间结构与功能为核心，综合考虑生态环境功能及社会经济功能互补协调的景观生态规划，在生态资源保护和生态资源利用之间搭建了一座桥梁，借助景观生态规划方法，在城市基本生态控制区景观生态调查阶段同步引入生态资源经济利用现状调查；在景观生态分析、综合及评价阶段，综合考虑生态及经济要素，明确生态保护的底线及保护与利用的临界点，即为生态资源保护与利用均衡的平衡点。

4.3.2　城市基本生态控制区生态资源保护与利用耦合的交叉框架

基于以上探讨，本书建立了生态资源保护与生态资源利用的"交叉框架"（图4-6），纵轴为生态资源保护的主线，横轴为生态资源利用的主线，二者的交点是城市基本生态控制区保护与利用的均衡点。保护与利用的均衡状态确定后，再制定相应的保护性利用规划的具体对策。

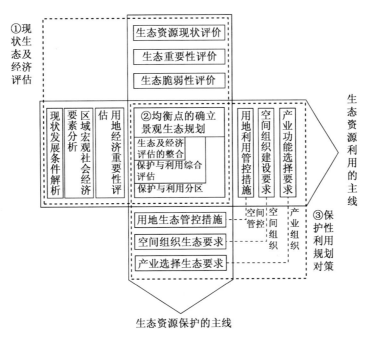

图 4-6　城市基本生态控制区保护性利用规划的交叉框架图

城市基本生态控制区保护性利用规划的交叉框架主要分为 3 个步骤（图 4-6，图 4-7）：

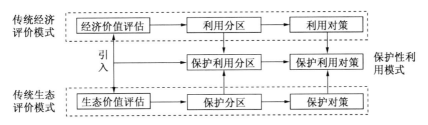

图 4-7　保护性利用交叉框架的操作思路图

首先，从景观生态学及城乡规划学角度，对城市基本生态控制区进行现状生态资源保护及生态资源利用潜力评估。生态资源保护评估主要在生态资源现状评价的基础上，根据生态资源保护内涵，从生态重要性及生态脆弱性 2 个角度进行评估；生态资源利用评估主要在生态资源现状发展条件解析的前提下，结合区域宏观社会经济发展要素分析，对城市基本生态控制区经济发展潜力进行分析。

其次，确定保护与利用的均衡点。参考景观生态规划方法，在现状生态资源保护及生态资源利用潜力评估的基础上，进行保护性利用综合评估，然后以评估结果为依据，进行保护与利用分区，确定单位面积用地的保护性利用程度。

最后，制定保护性利用规划对策。以保护与利用分区为依据，从空间管控、空间组织及建设控制要求、产业发展对策、村镇建设对策、规划管控对策等方面，制定保护性利用规划的对策，在生态保护的前提下进行保护性利用。随着自然资源持续利用的思想、理论逐步深入和发展，生态用地、生态控制区规划研究具有重要意义。生态用地的规划是保护生态用地的重要措施。通过土地利用总体规划对生态用地和人类社会生产生活用地进行总体平衡和妥善安排，促进节约集约用地，在满足人类社会对土地资源基本需要的同时，为自然生态保护提供保障。

4.3.3 城市基本生态控制区生态资源保护与利用交叉框架的特征

4.3.3.1 以保护与利用的均衡为研究线索——明确保护与利用的均衡点的研究方法

正如上文讨论，"交叉框架"是城市基本生态控制区以生态资源保护与利用评价为轴的一对均衡关系，即生态控制区生态资源保护与利用的均衡，生态资源保护的主线由于生态资源潜在的经济社会价值而将研究线索引申至生态资源结构的空间优化及合理保护领域；生态资源利用的主线由于资源要素的生态价值约束条件而将研究线索扩展至生态资源生态功能保护前提下的保护性利用。因此，"交叉框架"为原本单一的2条线索架设了一个均衡点，而景观生态规划则是获取该均衡点的方法。通过"交叉框架"的设立，原本单一的价值取向也因此趋于平衡，为城市基本生态控制区保护性利用规划的取舍提供依据（图4-8）。

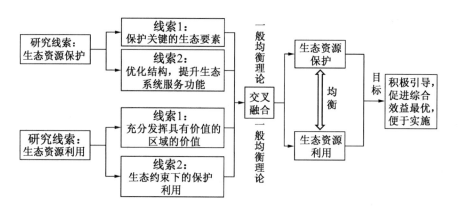

图4-8 研究线索的融合框架图

与以往城市生态用地保护的理论不同，"交叉框架"表达了生态资源通过功能性赋予起到积极保护的目的，即不是一味地静态保护，而是引入功能，进行积极的保护。单纯划定城市基本生态控制区，由于未进行有效的引导和调控，生态用地被侵占的情况屡屡出现，使得生态保护与城市开发之间的矛盾日益紧张，而"交叉框架"对于城市边缘旺盛的空间需求不是一味地约束和限制，而是更多地强调从生态资源自身特征在空间上进行引导和调控。

2条线索，相互耦合，形成一套保护性利用的理论框架。该框架打破了传统生态资源保护和生态资源利用2条平行的线索，开创性地引入一般均衡理论，通过对单位面积生态资源保护产生的单位生态效益与生态资源利用产生的单位经济效益的综合分析，找到保护与利用效益最大化的均衡点，建立保护与利用2条线索的交叉耦合关系，然后以此均衡点为基础，探索具体的保护性利用的对策及管控措施，形成一套完整的保护性利用规划的理论框架。该框架解决了生态资源保护与生态资源利用相冲突甚至背离的现实问题，搭建了城市基本生态控制区生态保护与物质空间规划之间的桥梁，尤其在确立保护与利用的均衡点时，打破传统以生态为单一评价因素，引入经济重要性因子，通过保护与利用的综合评价，寻求综合效益最优的最佳均衡点。

4.3.3.2　强调生态资源特征与土地利用功能的耦合——促进生态用地功能化

土地利用是一个把土地的自然生态系统变为人工生态系统的过程，也是生态资源保护性利用的外向表达形式。土地利用方式反映了生态资源保护与利用的特征。生态资源保护的主线包含生态服务价值综合评价信息和排序信息，体现了其在城市生态系统中所处的地位和作用。根据资源特征，如资源组成、区位，在生态系统中所处的地位和角色，在生态保护的前提下，决定对生态资源赋予何种功能，采取何种土地利用的方式，促进保护性利用。"交叉框架"建立土地利用方式与土地资源特征之间的高度关联或者空间耦合是城市基本生态控制区保护性利用规划的阶段性目标所在，与城市可持续发展的目标一致。

4.3.3.3　强调物质空间规划与规划管控的耦合——管控手段，易于操作

保护性利用规划的实施，必须对应相应的管控措施，体现在规划管控依据上，即为控制性详细规划图则。因此，将物质空间规划的管控要素均落实到控规图则上，作为规划管理审批的依据，是规划是否能切实落实的基础。交叉框架在最后政策制定中，将规划要求均落实在控规图则上，落实了具体管控的指标，使得政府在城市发展的管理方面由原来的指令、指导向调控与引导转化，而且调控与引导不再是通过行政命令进行，而是通过法律手段、经济手段，以及必要的行政手段和管控政策进行，达到经济、社会、环境之间协调。"交叉框架"以城市资源保护与开发在未来时空尺度上的调控引导策略为目标，既强调资源保护开发的刚性目标即刚性生态资源的保护，更加强了在保护的前提下的综合利用，利于与各阶段的社会发展多方面政策的衔接和统一，从技术上建立有利于综合决策的规划程序和规划成果。

4.4　本章小结

本章以建立城市基本生态控制区保护与利用耦合的操作框架为目标，并以此作为全书的理论基础和指导框架。

首先，基于景观生态学理论及生态系统服务的价值理论，解读城市基本生态控制区生态资源的保护内涵，认为：从保护的对象来说，生态资源保护不是保护物质的空间，而是保护其持续提供生态系统服务的能力；从保护的方式来说，城市基本生态控制区的保护不是消极的、静态的保护，而是要根据其特征，赋予相应的功能，进行积极的、动态的保护；从保护的方法来说，应根据生态资源的特征，既要遵循生态系统服务最优化原理，保护对生态系统服务具有重要意义的生态要素，如大型的山体、湖泊、湿地等，又要遵循景观生态学的格局—过程—功能原理，保护对区域生态系统的结构、功能完整性具有关键意义的要素。

其次，基于城市生态资源多功能性的分析，以生态资源利用的相关理论如精明增长理

69

论、城乡统筹理论为基础，解读城市基本生态控制区生态资源利用的内涵，认为：从利用的目的来看，生态资源的利用是为了积极的保护，利用是在保护的前提下进行的利用，生态优先是保护性利用的基本前提；从利用的方式来看，一是在功能选择上，既要适合其在生态系统中的角色和地位，又要与城市的功能互补，二是要制定必要的规划管控措施，对接法定的规划管控方式，三是必须坚持公平公正的理念，促进城市基本生态控制区内的农村有序发展。

最后，以生态资源的保护、利用为基础，构建保护与利用的耦合关系。从生态资源保护和生态资源利用的研究线索来看，常规的观念中，城市基本生态控制区的保护和其利用是没有交集的"平行框架"，二者在空间方法上和政策目标上甚至存在强烈的冲突。本书打破传统生态资源保护和生态资源利用2条平行的线索，开创性地引入一般均衡理论，通过对单位面积生态资源保护产生的生态效益与生态资源利用产生的经济效益的综合分析，以景观生态规划为桥梁，找到保护与利用效益最大化的均衡点，变生态资源保护与利用的"平行框架"为"交叉框架"，然后以此均衡点为基础，利用景观生态学及城乡规划学理论与方法，制定保护性利用的对策及管控措施，形成一套完整的保护性利用规划的理论框架。

总的说来，保护与利用耦合的"交叉框架"的建立对于城市基本生态控制区的保护性利用规划的研究是重要的突破。"交叉框架"通过以景观生态规划为桥梁的均衡点的确立，找到了本来平行的2个领域研究的交集，兼顾了生态资源保护与生态资源利用这对矛盾体，成为本书的一大亮点。

5 城市基本生态控制区保护性利用规划的技术路径

城市基本生态控制区保护性利用规划技术路径是针对城市基本生态控制区划定后避免被侵占而建构的，是对国家新型城镇化、生态文明建设的宏观目标下，城市生态资源保护性利用物质空间规划在技术层面的积极回应。本章首先在分析一定历史时期内土地利用及景观格局、生态系统服务的价值变化的基础上，总结城市基本生态控制区在快速城镇化过程中的规律、特征及问题等，为下一步城市基本生态控制区保护性利用评价奠定基础；然后整合生态及经济要素，对城市基本生态控制区进行综合评估，找到保护与利用的均衡点，进行保护性利用分区，作为保护性利用政策制定的基础；最后，从物质空间规划层面，制定保护性利用规划的对策。

本章基于本书第 4 章建立的保护与利用耦合的理论框架，构建保护性利用规划的技术路径，如图 5-1 所示，形成从生态资源现状评价、保护与利用综合评估，到保护性利用规划全过程的操作体系，最后进行保护性利用规划效果的验证。

生态资源评价：首先在一定的时间尺度上，审视空间尺度上城市基本生态控制区土地利用变化的特征；然后基于不同时间段的土地利用现状，利用 GIS

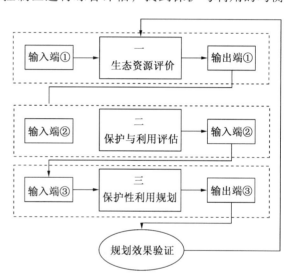

图 5-1　保护性利用规划方法结构设计图

技术及 Fragstats 软件的景观格局指数分析方法，研究城市基本生态控制区的景观格局变化特征；最后运用生态系统服务价值评估方法，评价一定时间尺度上城市基本生态控制生态系统服务价值的变化。该步骤主要从时间和空间 2 个尺度上，评估土地利用变化特征，以及由此带来的景观格局及生态系统服务的价值变化状况。生态资源评价的结果将作为保护与利用评价的基础。

保护与利用评价：根据生态资源评价的结果，首先，利用 GIS 技术及生态系统服务最优化原理，进行生态重要性评估，找出对生态系统服务起关键作用的生态要素；然后根据景观生态学的格局—过程—功能原理，进行生态脆弱性评估，找出对功能完整性具有关键性影响的区域；再引入经济要素，进行城市基本生态控制区用地经济价值评估，找出具备发展潜力的用地；最后整合生态与经济要素，进行保护与利用综合评估，并进行保护性利用分区，根据分区，为相应的保护性利用规划提供支撑。

保护性利用规划：根据保护与利用评价的结果，进行保护性利用规划，提出保护性利用的具体对策。首先，根据保护与利用分区，建立相应的空间管制对策；然后，研究城市基本生态控制区产业、村、镇空间组织的模式；再对其内发展的相应产业制定产业发展的方向，从生态保护上提出产业选择的要求；再对村镇建设的密度、规模、人口容量、公共服务设施配套等提出具体的建设要求；最后，将所有需要控制的要素形成控制指标体系，并以控规图则的形式进行固化落实，形成规划建设及管理的依据。

保护性利用规划效果验证：根据保护性利用规划的结果，对规划方案前后景观格局及生态系统服务的价值进行对比，看保护性利用规划方案对生态系统服务的价值及景观格局带来的影响。

需要说明的是：城市基本生态控制区的保护性利用是一个系统工程，涉及规划、政策、管理、法规等诸多方面，本书主要考虑城市基本生态控制区的物质空间规划层面，其他方面未过多考虑。因此，本次保护性利用规划的技术路径仅仅针对城市基本生态控制区物质空间规划的编制。

5.1　生态资源评价

5.1.1　土地利用评估

5.1.1.1　土地利用的内涵

关于土地利用一词，目前各国学者还未有统一的表述。联合国粮农组织认为其是"由自然条件和人的干预所决定的土地的功能"。《现代农业中的土地利用》一书将其定义为"人类为了从土地获取物质或精神的需求，对土地实行永久或周期性的干预"（林培，1991）。顾朝林（1999）、杨志荣等（2008）认为其土地利用是把土地的自然生态系统变为人工生态系统的过程，同时是在人类活动的持续干预下，进行自然和经济再生产的复杂社会经济过程。区域的土地利用状况是其景观格局及生态系统服务的背景，土地利用的变化相应引起诸多自然要素及生态过程的变化，进而影响景观格局及生态系统服务的价值。因此，分析土地利用及土地利用变化特征，是认识区域景观格局及生态系统服务的价值的基础。

5.1.1.2　土地利用的分类

科学合理的土地利用分类，是优化区域生态环境格局，实现可持续土地资源规划管理的关键环节，可全面反映区域景观的空间分异和组织关联，揭示其空间结构与生态功能特征，以此作为景观生态评价和规划管理的基础。

国外土地利用分类的典型代表主要有FLUS（英国第一次土地利用调查分类系统，20世纪30年代）、SLUS（英国第二次土地利用调查期间制定的土地利用分类体系，20世纪60年代）、NLUS（英国国家环境局拟定的国家土地利用分类系统，20世纪70年代）和USGS（美国地质调查局拟定的土地利用分类系统，1976、1992）4种（吴亮等，2010）。国内最早的土地利用分类系统出现于1981年，我国土地利用分类系统经过几轮发展，目前，土地利用规划口所使用的是2007年出台的中国首个土地利用分类标准——《土地利用现状分类》（GB/T 21010—2007），城乡规划口使用的土地利用标准则是2012年重新修订颁布的《城市用地分类与规划建设用地标准》（GB 50137—2011）。从土地利用分类的具体内容来看，现有普遍使用的分类均注重土地利用的社会功能，较少考虑其生态环境功能，因此，一般还需要在已有分类体系基础上进行重新归并和分级，方能应用于相关土地利用变化的生态环境效应研究中。如国内外学者关于生态系统服务的价值、景观格局的评估，均进行了符合自身特色的土地利用分类，具体分类见表5-1。

土地利用分类体系比较一览表

表5-1

分类性质	类别	具体类型
土地利用规划	《土地利用现状分类》（GB/T 21010~2007）	共分2级，一级包括12个类别：1. 耕地；2. 园地；3. 林地；4. 草地；5. 商服用地；6. 工矿仓储用地；7. 住宅用地；8. 公共管理与公共服务用地；9. 特殊用地；10. 交通运输用地；11. 水域及水利设施用地；12. 其他土地；二级包括56个类别
城乡规划	《城市用地分类与规划建设用地标准》（GB 50137~2011）	用地分类包括"城乡用地分类"、"城市建设用地分类"2部分，用地分类采用大类、中类和小类3级分类体系。市域内"城乡用地"分为"建设用地"、"非建设用地"2大类8中类17小类；"城市建设用地"共分为：1. R居住用地；2. A公共管理与公共服务用地；3. B商业服务业设施用地；4. M工业用地；5. W物流仓储用地；6. S交通设施用地；7. U公用设施用地；8. G绿地，共8大类35中类44小类
景观、生态相关的分类	生态系统服务的价值分类	科斯坦萨等学者（Costanza R.，1997）在评估生态系统服务的价值时，将土地利用分为海洋、陆地2大类11中类及部分小类，其中大类中海洋包括公海、海岸2个中类，陆地包括森林、草原/牧场、湿地、湖泊/河流、荒漠、苔原、冰/岩石、耕地、城区等中类，部分中类用地类型如海岸、森林、湿地再细分为小类。谢高地等学者（2003）在评估生态系统服务的价值时将土地利用分为森林、草地、农田、湿地、水体、荒漠等类型。王军等学者（2014）将土地利用分为耕地、林地、草地、建设用地/交通运输用地、湿地、盐碱地、其他等类型
	景观斑块分类	李咏华（2011）在景观格局评估中将土地利用分为：1. 城市建设用地斑块；2. 耕地斑块；3. 林地和园地斑块；4. 水域和湿地斑块；5. 裸地斑块

5.1.2　景观格局评估

5.1.2.1　评价方法

景观格局一般指景观的空间格局（Spatial Pattern），是指大小、形状、属性各异的景观要素在空间上的分布和组合。它是景观异质性的体现，也是各种生态过程在不同尺度上作用的结果。分析景观格局的目的是从看似无序的景观斑块镶嵌中，发现潜在的有意义的规律，探寻产生和控制空间格局的因子和机制。

景观格局指数是能反映景观结构组成和空间配置特征，高度浓缩景观格局信息的量化指标。景观格局指数旨在研究生态过程与景观格局的相互关系，基于土地利用的景观格局指数是景观格局分析的重要方法，并广泛运用于土地利用优化调控、景观规划与管理等方面。各学者一致认为，正是景观格局指数的不断发展与广泛应用，促进了景观生态学在欧洲、北美及中国的快速发展（傅伯杰，1995；王仰麟，1998；陈文波等，2002；彭建等，2006）。

常用的景观格局分析软件是 Fragstats，该软件由美国俄勒冈州立大学于 1995 年开发，与 GIS 软件配合使用，可计算斑块水平指数 19 个，斑块类型水平指数 121 个，景观水平指数 130 个。使用者可根据研究需解决的科学问题，合理地选合适的景观格局指数进行分析。

5.1.2.2 景观格局指数选择

虽然 Fragstats 软件中可计算的景观格局指数数量繁多，但各类指数间的相关性较高，同时采用多种指数尤其是同类型指数，并不增加"新"的信息。因此，在定量研究景观格局特征时，不需要简单罗列一大堆指标，而应充分了解各指标的生态意义，然后再本着简单、有代表性的原则，有针对性地挑选评价指标，力争以尽量少的指标来充分描述景观格局特征。

Fragstats 软件中对景观格局指数的计算主要分为 3 大类型：①单个斑块景观指数；②类型水平景观指数，即分别评估各类斑块类型的景观指数，如耕地斑块、水域和湿地斑块等；③景观水平景观指数，即不区分斑块类型，对评价对象整体考虑得到的景观指数。由于单个斑块景观指数对区域景观格局分析贡献较小，因此，在实证研究中，主要对斑块类型水平和景观水平上的景观格局指数进行探讨（邬建国，2000；陈文波等，2002；李咏华，2011）。根据 Fragstats 软件中景观格局指数描述对象，可分为数量、形状、优势度、结构、多样性 5 类，其中前 3 类属于景观单元特征指数，用于描述斑块的面积、周长和斑块数等特征；后 2 种属于景观整体特征指数，用于描述景观的结构和特征。具体指标及特征见表 5-2。

典型景观格局指数及特征一览表　　　　表 5-2

水平	指标类别	景观指数/缩写	特征
斑块类型水平	数量	（1）斑块数量（NP）	所有斑块或同一类型斑块的数量
		（2）斑块比例（PLAND）	某一斑块类型的总面积占整个景观面积的百分比，用于度量景观组分
	形状	（3）景观形状指数（LSI）	景观中所有斑块的总周长与景观总面积平方根的比值，再与正方形校正常数的积
		（4）边界密度（ED）	与斑块形状有关，是单位面积的斑块边界长度
	优势度	（5）最大斑块指数（LPI）	同一类型斑块中面积最大斑块占该类型斑块总面积的比例
		（6）平均斑块面积指数（AREA_MN）	斑块的平均面积
	结构	（7）蔓延度指数（CONTAG）	反映景观斑块类型的连接性
		（8）散布与并列指数（IJI）	描述景观要素在研究区域异质斑块间的分布状况
		（9）景观连通度指数（COHESION）	
景观水平*	多样性	（10）香农多样性指数（SHDI）	反映景观要素的多少及各景观要素所占比例的变化，值越大，说明越破碎，多样性越差

* 多样性指数仅适用于景观水平，其他各指标均适用于类型水平及景观水平。

5.1.2.3 指数内涵及原理

1. 斑块数量（*NP*）

公式描述：*NP* 即景观中某一斑块类型的总个数。

生态意义：*NP* 通常被用来描述整个景观的异质性，其值的大小与景观破碎度呈正相关性，*NP* 越大，破碎度越高。

2. 斑块比例（*PLAND*）

$$PLAND = \frac{\sum_{j=i}^{n} a_{ij}}{A} \times 100 \tag{5-1}$$

公式描述：景观中某一斑块类型面积占景观总面积的百分比。

生态意义：*PLAND* 度量景观组分，确定景观中优势斑块（Matrix）或优势景观的依据之一；分析景观中生物多样性、优势种及数量等指标的参考因素。

3. 景观形状指数（*LSI*）

$$LSI = \frac{0.25E}{\sqrt{A}} \tag{5-2}$$

公式描述：景观中所有斑块的总周长（m）与景观总面积（m²）平方根的比值，再与正方形校正常数的积。取值范围：*LSI* ≥ 1，无上限。

4. 边界密度（*ED*）

$$ED = \frac{1}{A} \sum_{i=1}^{M} \sum_{j=1}^{M} P_{ij} \tag{5-3}$$

公式描述：景观内单位面积异质景观要素斑块间的边缘长度。P_{ij} 是景观中第 i 类景观要素斑块与相邻第 j 类景观要素斑块间的边界长度。取值范围：*ED* ≥ 0，无上限。*M* 是景观要素类型的总和。

5. 最大斑块指数（*LPI*）

$$LPI = \frac{Max\ (a_1,\ \cdots,\ a_n)}{A} \times 100 \tag{5-4}$$

公式描述：某一斑块类型中的最大斑块占景观总面积的比例。取值范围：0 < *LPI* ≤ 100。

生态意义：确定景观中的优势种、内部种的丰度等生态特征的参考指标。

6. 平均斑块面积（*AREA_MN*）

$$AREA\_MN = \frac{\sum_{j=1}^{n} X_{ij}}{n_i} \tag{5-5}$$

公式描述：在斑块类型水平上是某一斑块类型的总面积除以该类型斑块的数目，在景观水平上是景观总面积除以各类型的斑块总数。

7. 蔓延度（*CONTAG*）

$$CONTAG = \left[1 + \frac{\sum_{i=1}^{m} \sum_{i=1}^{m} \left[(P_i) \left(\frac{g_{ik}}{\sum_{k=1}^{m} g_{ik}} \right) \right] \bullet \left[\ln(P_i) \left(\frac{g_{ik}}{\sum_{k=1}^{m} g_{ik}} \right) \right]}{2\ln(m)} \right] \times 100 \tag{5-6}$$

公式描述：是景观中各斑块类型所占景观面积乘以各斑块类型之间相邻的格网单元数目占总相邻的格网单元数目的比例，乘以该值的自然对数之后的各斑块类型之和，除以2倍的斑块类型总数的自然对数，其值加1后再转化为百分比的形式。范围：$0 < CONTAG \leqslant 100$。

生态意义：蔓延度值越高，说明该优势斑块类型连接性越好；反之则表明景观斑块的破碎化程度较高。

8. 散布与并列指数（IJI）

$$IJI = \frac{- \sum_{k=1}^{m} \left[\left(\frac{e_{ik}}{\sum_{k=1}^{m} e_{ik}} \right) \ln \left(\frac{e_{ik}}{\sum_{k=1}^{m} e_{ik}} \right) \right]}{\ln(m-1)} \times 100 \qquad (5-7)$$

e_{ik} 表示的是斑块类型 i 和 k 之间的所有景观边界长度的总和，M 表示的是总的斑块类型数。

公式描述：在斑块类型水平上，等于与某斑块类型 i 相邻的各斑块类型的邻接边长除以斑块 i 的总边长再乘以该值的自然对数后的和的负值，除以斑块类型数减1的自然对数，最后乘以100转化为百分比形式；在景观水平上，表明各个斑块类型间的总体散布与并列状况。

生态意义：IJI 取值越小，表明斑块类型 i 与其他类型斑块相邻接的数量越少；$IJI = 100$ 表明各斑块间比邻的边长是均等的。范围：$0 < IJI \leqslant 100$。

9. 景观连通度指数（$COHESION$）

$$COHESION = \left[1 - \frac{\sum_{j=1}^{n} p_{ij}}{\sum_{j=1}^{n} \sqrt{a_{ij}}} \right] \left[1 - \frac{1}{\sqrt{A}} \right]^{-1} \times 100 \qquad (5-8)$$

a_{ij} 表示斑块 ij 的面积，P_{ij} 表示斑块 ij 的周长，A 表示景观总面积。

公式描述：面积加权的平均周长面积比除以面积加权的平均形状因子。

10. 香农多样性指标（$SHDI$）

$$SHDI = - \sum_{i=1}^{m} P_i \ln(P_i) \qquad (5-9)$$

公式描述：仅适用于景观水平，是各斑块类型的面积比乘以其值的自然对数之后的和的负值。

生态意义：反映景观异质性，土地利用程度越丰富，景观破碎化越高，计算出的 $SHDI$ 值也就越高。

5.1.3 生态系统服务的价值评估

5.1.3.1 评估方法

自1997年科斯坦萨等人的研究使得生态系统服务价值评估的原理及方法从科学意义上首次得以明确后，国际上关于生态系统服务的价值及其评估研究已经得到了广泛的关注，并开展了大量的实践，主要有大尺度区域的全球或区域范围生态系统服务价值评估（Silvestri et al.，2013；谢高地等，2003；Costanza et al.，1997），流域尺度如欧洲多瑙河流域、长江上游等生态系统服务价值评估（Gren IM et al.，1995；伍星等，2009），单个生态系统如湿地、森林、高速公路、河流等生态系统价值评估（Rokhshad et al.，2012），以及物种和生物多样性保护价值评估4种类型。对生态系统服务的评估方法主要有直接市场价值法（Costanza，1997）、条件价值法（CVM）（Rokhshad et al.，2012）、物质量评价法、能值分析法（赵晟等，2015），其中，以科斯坦萨等提出的直接市场价值法较为成熟，研究案例也最多，涉及世界、国家、区域和城市等多个尺度下的不同类型生态系统服务价值评估，为生态系统服务价值评估在不同领域的应用提供了理论和方法。

本书将利用科斯坦萨等人的计算公式，来分析城市基本生态控制区生态系统服务价值变化。

$$ESV = \sum A_k \times VC_k \tag{5-10}$$

$$ESV_f = \sum A_k \times VC_{fk} \tag{5-11}$$

式中　ESV——生态系统服务价值，元；

A_k——土地利用类型 k 的分布面积，hm^2；

VC_k——该类型土地单位面积的生态系统服务价值系数，元/hm^2；

ESV_f——生态系统单项服务价值，元；

VC_{fk}——单项服务价值系数，元/hm^2。

5.1.3.2　生态系统服务的价值系数确定方法

由于科斯坦萨等人的研究对某些生态系统的价值考虑不全面，且对某些生态系统单位面积的价值估计过高或过低，而受到批评。为此，国内学者谢高地等（2003）在科斯坦萨等提出的评价模型基础上，结合中国实际，对国内200名生态学者进行问卷调查，制定了中国陆地生态系统单位面积生态服务价值当量因子（S）表。生态系统服务价值当量因子是指生态系统产生的生态服务的相对贡献大小的潜在能力。某类型土地生态系统服务价值系数定义为该类型土地生态服务价值当量因子与单位面积（通常为1hm^2）当年全国平均产量农田粮食产量市场价值1/7 的乘积（谢高地等，2003），即：

$$VC_k = S \times M \tag{5-12}$$

VC_k 为 k 类型土地单位面积的生态系统服务价值系数，S 为当量因子，M 为当年单位面积全国平均产量农田粮食产量市场价值1/7。

M 的计算参考谢高地等（2005）制定的中国不同省份农田生态系统生物量因子表，表中对单位面积生态系统服务的经济价值进行校正。

如武汉市2009~2012年生态系统单位面积生态价值系数计算方法即为：根据谢高地等制定的中国不同省份农田生态系统生物量因子表，湖北省的校正系数为1.27。根据同期《武汉市统计年鉴》及《湖北省统计年鉴》的相关数据，计算得到武汉市2009~2012年平均粮食产量为5600.94kg/hm^2，为同期湖北省平均粮食产量5771.33kg/hm^2 的0.97倍，由此将研究区域生态服务价值系数进一步修正为全国平均水平的1.27×0.97＝1.23倍。粮食单价取2012年武汉市粮食的平均价格2.34元/kg（数据来源：武汉市物价局），计算出 M ＝（5600.94kg/hm^2×2.34元/kg/1.23）/7＝1522.21元/hm^2。由此计算出武汉市不同生态系统单位面积生态服务价值系数 VC_k（表5-3）。

武汉市 2009~2012 年生态系统单位面积生态价值系数一览表（元/hm²）　　表 5-3

类　型		农田	森林	草地	湿地	水体	荒漠
调节服务	气体调节	762.50	5337.87	1220.11	2745.11	0.00	0.00
	气候调节	1357.30	4117.76	1372.64	26079.01	701.49	0.00
支持服务	水源涵养	915.04	4880.26	1220.11	23638.97	31081.30	45.67
	土壤形成与保护	2226.67	5947.83	2974.00	2607.92	15.17	30.51
	废物处理	2501.23	1997.95	1997.95	27726.22	27726.22	15.17
	生物多样性保护	1082.74	4971.78	1662.37	3812.86	3797.52	518.45
供给服务	食物生产	1525.18	152.54	457.61	457.61	152.54	15.17
	原材料	152.54	3965.22	76.18	106.69	15.17	0.00
文化服务	娱乐文化	15.17	1952.10	61.01	8464.23	6618.82	15.17
标准总价值		10538.36	33323.31	11041.99	95638.62	70108.22	640.13

5.1.3.3　敏感性指数计算方法

为了验证以上各生态价值系数的代表性，本书参照国内相关文献（伍星等，2009），引入经济学中常用弹性系数概念来计算价值系数的敏感性指数（Coefficient of Sensitivity，简称 CS），以反映生态系统服务价值对生态价值系数的依赖程度。当 $CS < 1$，表明 ESV 对于 VC 是缺乏弹性的，当 $CS > 1$，表明 ESV 对于 VC 是富有弹性的。价值系数的敏感性指数（CS）计算公式如下：

$$CS = \left| \frac{(ESV_q - ESV_p) / ESV_p}{(VC_{qi} - VC_{pi}) / VC_{pi}} \right| \tag{5-13}$$

式（5-13）中 p 和 q 分别为初始价值和生态价值系数调整后的价值。

5.2　保护与利用评估

首先充分发挥 GIS 强大的空间数据的挖掘和处理能力，分别进行以生态资源保护为主线的生态重要性评估、生态脆弱性评估，识别需要保护的区域；再进行以生态资源利用为主线的经济重要性评估，识别具有发展潜力的区域；最后综合生态和经济要素进行综合评估，并进行保护与利用分区（图 5-2）。其中，以生态资源保护为主线的生态评估的目的是优化城市基本生态控制区内生态资源间的结构、功能和关系，提升生态控制区生态服务功能和对城市生态系统的贡献。

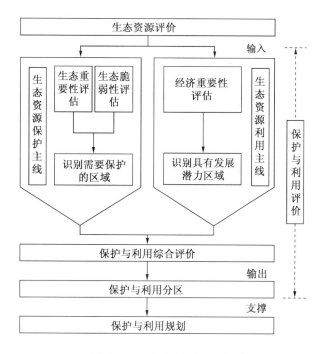

图 5-2 保护与利用评估框架图

5.2.1 生态重要性评估

5.2.1.1 生态重要性内涵解读

生态用地具有"垂直"和"水平"的双重属性。

（1）"垂直"属性：即生态用地的地表属性，生态用地的功能在很大程度上取决于土地利用的类型，一般来说，具有较高自然特征的用地类型，如湿地、水体、林地、草地等，往往能提供更多的生态系统服务，产生更大的生态系统服务的价值。

（2）"水平"属性：即生态用地的空间属性，根据景观生态学的过程—格局相互作用原理，完整的、优化的景观空间格局有助于生态用地提供更高效的生态系统服务。

因此，生态评估不但要研究其"量"，即自然资源本身，还要关注其空间格局的"质"。

生态重要性（Ecological Significance）则是基于生态用地的"垂直"属性，以保护地表上对区域总体生态环境起决定性作用的生态要素和生态实体，主要包括：

（1）水体、湿地等能提供较高生态系统服务的土地利用类型；

（2）较大面积的自然山体、水体、湿地；

（3）各类自然保护区、水源保护地等。

具有垂直属性的生态实体要素对城市基本生态控制区的生态保护具有积极的意义，它一旦遭到人为的破坏，很难在短时间内有效恢复。

5.2.1.2 生态重要性评价方法

借鉴当前比较成熟的生态敏感性评价方法，利用 GIS 技术，进行综合评价。具体而言，基于区域分析的生态敏感性评价范式可以总结如下：

（1）确定评价因子：通过解译遥感影像数据或直接调用土地利用现状图获取地表的植被、土地利用现状等信息；通过资料收集获取各级保护区信息；把获得的信息统一处理为栅格数据，并按照一定的标准进行重新分级。

（2）建立评价指标体系：为每一个参与评价的因子赋予一个权重或者建立一种整体敏感性的评价体系，在进行综合敏感性计算的时候使用。权重的确定通常采用专家打分法、层次分析法（AHP）、主成分分析法等。

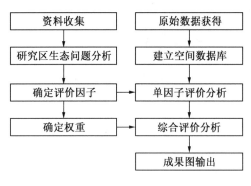

图5-3　生态重要性评价技术路线图

（3）单一因子评价：根据单因素评价标准，逐一给每一因素图中图形单元打分，得到单因素适宜性评价，并赋予不同分值，分别表示某种评价因子对生态敏感性影响程度的高低。

（4）综合生态敏感分级及综合评价：以分级评价为主，综合评估影响生态重要性的各自然及人工影响因子。评价的方法主要包括权重法以及最大值法。权重法有2种方式：一种是通过专家打分法确定权重，再通过带权重的求和进行敏感性评价；另一种是连乘所有因子再开相等次方，相当于等权重叠加。最大值法则用极值函数取栅格中敏感性最大的因子的值。得到综合评价结果后重新进行分级并制图，得到综合评价结果。具体技术路线如图5-3所示。

5.2.1.3　指标体系的构建

城市基本生态控制区生态重要性评价指标体系由评价指标类型和具体评价因子构成，每个评价因子又有具体的评价指标项目。指标体系涵盖土地利用、绝对保护区、自然要素3大指标类型，共计8个评价因子，见表5-4。

生态重要性评价指标体系一览表

表5-4

指标类型	评价因子	评价指标项目	指标类型及特征
1. 土地利用	（1）土地利用敏感性	湿地/水体/林地/草地、耕地/其他	根据生态系统单位面积生态价值系数（表5-3），不同的土地利用类型对生态系统服务的价值贡献不同
2. 绝对保护区	（2）各级保护区	自然保护区/森林公园、郊野公园/动植物园/风景名胜区	是城市生态系统中重要的保护区域，可提供调节、支持、文化等多种服务
	（3）饮用水水源保护区	一级水源保护区/二级水源保护区	提供生态系统的水源涵养、水资源供给等支持、供给服务功能
	（4）文化遗产保护区域	历史文化名镇名村、古文化遗址、历史建筑群/各级历史建筑	提供生态系统的文化服务功能
	（5）基本农田保护区	基本农田保护范围	提供供给服务

指标类型	评价因子	评价指标项目	指标类型及特征
3. 自然要素	（6）水体	江河	是城市生态系统中对生态服务功能起到关键作用的自然要素
		湖泊	
	（7）湿地	大型湿地	
	（8）山体	山体	

需要特别说明的是，本书建立的指标体系为影响土地生态重要性的部分代表性指标，在具体案例的评价中，可根据数据的可获取性及案例自身特征，有针对性地增加或减少相应的指标类型及评价因子。

5.2.1.4 评价指标内涵与计算方法

1. 土地利用类型

不同的土地利用类型提供不同的生态系统服务，根据表 5-3 确立的生态系统单位面积生态价值系数，可计算出不同土地利用类型价值当量（表 5-5），即可分别计算出农田、森林、草地、湿地、水体、荒漠 6 种土地利用类型的土地利用敏感性指数：

$$ES_1 = S_1 = l \times f \qquad (5-14)$$

式中，ES_1 为土地利用类型指数，S_1 为土地利用敏感性指数，l 为土地利用类型，f 为土地利用类型服务价值当量。

土地利用类型价值当量表　　　　表 5-5

土地利用类型	农田	森林	草地	湿地	水体	荒漠
服务价值当量	16.46	52.06	17.25	149.40	109.52	1.00

根据式（5-14）计算出每一个标准栅格单元上的土地利用敏感性指数 S_1，将土地利用类型分为 5 级，最后依据表 5-6 中的分级标准得到土地利用类型用地重要性的空间分布等级图。

土地利用类型用地重要性评价因子及分级标准对照表　　　　表 5-6

生态用地类型	评价因子	土地利用类型对构成 ES_1 的贡献分级				
		极重要	重要	中等重要	一般重要	不重要
	提供生态系统服务的价值的大小	优良	良好	好	一般	较低
分级标准	指数	5	4	3	2	1

2. 绝对保护区

绝对保护区包括各级保护区、饮用水水源保护区、文化遗产保护区域、基本农田保护区4种类型。

各级保护区包括自然保护区、森林公园、郊野公园、动植物园、风景名胜区等。自然保护区是指对有代表性的自然生态系统、珍稀濒危野生动植物物种的天然集中分布区、有特殊意义的自然遗迹等保护对象所在的陆地、陆地水体或者海域，依法划出一定面积予以特殊保护和管理的区域。森林公园、郊野公园、动植物园是根据不同功能需要设定的特定保护区区域。风景名胜区是指具有观赏、文化或者科学价值，自然景观、人文景观比较集中，环境优美，可供人们游览或者进行科学、文化活动的区域。

饮用水水源保护区：依据《饮用水水源保护区划分技术规范》，饮用水水源保护区是指国家为防治饮用水水源地污染，保证水源地环境质量而划定，并要求加以特殊保护的一定面积水域和陆域。饮用水水源保护区一般划分为一级保护区和二级保护区，必要时可增设准保护区。

文化遗产保护区域：指具有历史文化价值，需要保护的历史文化名镇名村、古文化遗址、历史建筑群以及各级历史建筑等。

基本农田保护区：基本农田是指根据一定时期人口和国民经济发展对农产品的需求而确定的长期不得占用的耕地，主要用于种植粮食作物，保障粮食安全，利用方式主要是传统的耕作。基本农田保护区是指为对基本农田实行特殊保护而依据土地利用总体规划和依照法定程序确定的特定保护区域。城市基本农田保护在保护耕地的同时，也在保护生态环境，保障城市蔬菜、水源、绿地的供给。

根据相关文献和已有研究成果，对各级保护区指数 S_2、饮用水水源保护区指数 S_3、文化遗产保护区指数 S_4、基本农田保护区指数 S_5 等4项指标划定分级标准，并进行分级赋值，最后采用最大值法计算每一个栅格单元的绝对保护区用地指数 ES_2，得到绝对保护区用地重要性的空间分布等级图，分级同表5-6，分为5级。公式如下：

$$ES_2 = Max(S_2，S_3，S_4，S_5) \qquad (5\text{-}15)$$

式（5-15）中，ES_2 为绝对保护区用地指数，S_2 为各级保护区赋值，S_3 为饮用水水源保护区赋值，S_4 为文化遗产保护区赋值，S_5 为基本农田保护区赋值。其中 S_2 按照表5-7所示分4级进行赋值；S_3 分一级水源保护区、二级水源保护区、其他，共3级赋值；S_4 分面状历史保护要素（如历史文化名镇名村、古文化遗址、历史建筑群）、点状历史保护要素（如文保单位、各级历史建筑）、其他，共3级赋值；S_5 按照基本农田保护区、其他2级赋值。

各级保护区修正值一览表　　　　　　　　　　　表5-7

类别	自然保护区	森林公园、郊野公园、动植物园	风景旅游区	其他地区
修正值	1.75	1.5	1.25	1

来源：曾辉等，2012。

3. 自然要素

湿地、森林、海洋被誉为"地球之肾"、"天然物种库"、"天然水库"，并称为全球三大生态系统。因此，自然要素包括湿地、山体（森林）、水体3种类型。

湿地是指天然或人工、长久或暂时的沼泽地、湿原、泥炭地或水域地带，在蓄水调洪、维持生物多样性、控制污染等方面具有其他生态系统不可替代的作用。

山体（森林）具有净化城市污染的功能，是城市有生命的基础设施。

水域是支撑整个城市生命体系的基础。城市河湖生态系统不仅是维持城市居民生产和生活的基础，还具有维持整个城市生态系统结构、生态过程和城市生态环境的功能。

根据相关文献和已有研究成果，划分对湿地 S_6、山体 S_7、水体 S_8 3 项指标的分级标准，并进行分级赋值，最后采用最大值法计算每一个栅格单元的自然要素用地指数 ES_3，得到绝对保护区用地重要性的空间分布等级图，分级同表 5-6，分为 5 级。公式如下：

$$ES_3 = Max(S_6, S_7, S_8) \tag{5-16}$$

式（5-16）中，ES_3 为自然要素用地指数，S_6 为湿地赋值，S_7 为山体赋值，S_8 为水体赋值，三者均按照"湿地、其他"，"山体、其他"，"水体、其他"，分 2 级赋值。

5.2.1.5 生态重要性综合评估

城市生态重要性综合评估采用评价单元的多项生态服务指标分值的等权叠加计算方法，计算公式如下：

$$ES = \sqrt[k]{\prod_{i=1}^{k} D_i} \tag{5-17}$$

式（5-17）中，ES 为评价单元的生态重要性计算分值，k 为评价指标的个数；D_i 为单项城市生态服务功能重要性分值；i 为评价指标的序号。

城市生态重要性评价结果的定性分级依据计算分值确定。如各因子按照 5 分法赋值，则按照表 5-8 进行定性分级。分级之后，再按照表 5-9 进行赋值，得到生态重要性综合评定结果。

综合评价结果的定性分级一览表　　　　　　　　　　　　　　　表 5-8

综合评价结果定性分级	综合评价结果定性分级	综合评价结果计算分值	综合评价结果计算分值
极重要	(4，5]	一般重要	(1，2]
重要	(3，4]	不重要	(0，1]
中等重要	(2，3]		

评价指标的定量分值一览表　　　　　　　　　　　　　　　表 5-9

评价指标定性分级	评价指标定量分值	评价指标定性分级	评价指标定量分值
极重要	5	一般重要	2
重要	4	不重要	1
中等重要	3		

5.2.2 生态脆弱性评估

5.2.2.1 生态脆弱性评估的内涵

基于生态用地的"垂直"属性与生态重要性评估相对应，生态脆弱性（Ecological

Fragility）评估则是基于生态用地的"水平"属性，在评价思路上，根据景观生态学的过程—格局相互作用原理，完整的、优化的景观空间格局有助于生态用地提供更高效的生态系统服务。生态脆弱性评估即是找出对景观空间格局具有关键影响的要素，如廊道等，优化景观空间格局，提升生态用地的"质"。

5.2.2.2　评价方法

蓬勃发展的景观生态学为生态安全格局构建提供了新的理论基础和方法，包括"最优景观格局"、"景观安全格局"和"生态安全格局"等。由我国学者俞孔坚等提出的"景观安全格局"和"生态安全格局"理论已在不同尺度、不同区域的关键生态地段的辨识和生态安全格局的构建中得到广泛应用。

景观中某些局部、点及位置对维护和控制某种生态过程具有重要意义。一个典型的生态安全格局包括源、缓冲区、源间连接、辐射道与战略点5个部分（傅伯杰等，2003）。

（1）生态源地（Source）：由生态服务功能重要，生态敏感性较高，并且连续分布的较大的自然生态斑块（如大面积的森林覆盖区和水面等）组成，是现存或潜在的乡土物种分布地，具有生态服务功能集聚、调控效益高的特点，作为物种扩散源的现有自然栖息地，对区域生态系统的稳定起决定作用。

（2）缓冲区（带）（Buffer Zone）：指环绕生态源地或廊道周围，较易被目标物种利用的景观空间，一般可作为恢复或扩展自然栖息地的潜在地带，其范围和边界不是传统围绕核心区的一个简单等距离区域，而是通过阻力表面中阻力值突变处的阻力等值线确定。

（3）源间连接（生态廊道）（Corridor）：主要由连通性好的植被、水体等要素构成，自身具有保护生物多样性、过滤并降解污染物、防止水土流失、涵养水源、调控洪水等生态服务，同时也是生态源地间的联系通道和生态源地与重点开发区间的联系纽带。

（4）辐射道（Radiating Routes）：目标物种由源向周围扩散的可能路径。

（5）战略点（Strategic Point）：景观中对于物种迁移或扩散过程具有关键作用的地段。

通过构建景观生态安全格局，生态脆弱性评估被转换为对上述空间组分进行识别的过程，具体步骤如下：

（1）选择生态源地；

（2）确定阻力值，建立最小阻力表面；

（3）生态脆弱性地段综合识别（景观生态安全格局的构建）。

以上3步具体计算方法见下文。

5.2.2.3　源斑块的识别

源斑块的理论来源于由美国学者福曼（Forman，1995）基于生态空间理论提出，是最优景观格局的核心要素之一。福曼指出，景观中最优先保护和建设的应是大型自然植被斑块，它们是物种生存和水源涵养的最基本载体。因此，源斑块对于生物多样性保护至关重要，是景观格局中的核心要素。

源斑块包括大型植被、水域等，是生物活动的核心区域，大于一定面积的上述自然斑块或区域均可作为生态源斑块。作为生态保护的"核心"，源斑块多处于研究区域内生境相对良好的地带，是生态格局的重要组成成分，也是景观中保护生物多样性、涵养水源、防止水土流失的"关键"地带（王军等，1999）。

源斑块确定的技术流程如图5-4所示：首先在多源数据处理挖掘的基础上，将生境类型分为陆生生境、湿地生境、水生生境3种类型及其对应的主要斑块类型，再利用GIS技术进行处理，然后利用面积门槛，对各类生境的源斑块进行模拟，得出源斑块的空间分布。

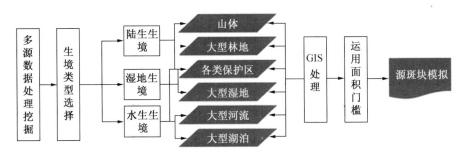

图5-4　源斑块辨识的技术流程图

5.2.2.4　建立最小阻力表面和成本路径表面

1. 最小阻力面的建立

当前，最小阻力面的建立较为广泛运用的方法，是克纳彭（Knaapen，1992）等人提出，并经俞孔坚等人改进的最小累积阻力模型（Minimum Cumulative Resistance，简称MCR）方法（李咏华，2011）。在MCR模型中，根据景观单元对各目标物种迁移的影响分析，按照阻力进行分级，并据此为各景观单元赋予相应的阻力参数，形成景观阻力表面。该模型主要考虑源斑块、距离、景观界面特征3方面因素，模型如下：

$$MCR = f\min \sum_{j=n}^{i=m} (H_{ij} \times R_i) \qquad (5-18)$$

式（5-18）中，f反映空间中任意一点的最小阻力与其到所有源的距离和景观及面特征的正相关关系，H_{ij}是物种从源斑块j到空间某一点所穿越的景观单元基面i的空间距离，R_i是景观i对某物种迁移的阻力，$\sum_{j=n}^{i=m}(H_{ij} \times R_i)$是源斑块到点$\{i,j\}$阻力的最小值。

在MCR模型中，景观单元阻力值的赋值是相对复杂的关键步骤。景观单元阻力值越小，则该景观单元的水平生态流强度越大。如对于城市建设用地、道路设施等景观单元，水平生态流在其中基本难以运行，阻力值高；而对于湿地、水域，以及坡度平缓的景观单元，水平生态流在其中运行顺畅，景观单元阻力值较低（俞孔坚，1998，1999；李纪宏，2006）。

当前已有的生态评价文献，大多将地形和地表覆盖类型作为2个影响生物迁移的基本因素（张惠远，1999），此外，土壤的pH值、质地类型等也都是生物迁移需要考虑的因素（李咏华，2011）。但是鉴于数据的可获得性，本书借鉴李咏华在杭州的生境物种迁徙阻力计算中选取的阻力因子及计算方法，选择地表覆盖类型、坡度、高程3个指标作为阻力因子，具体公式如下：

各景观单元阻力值 = 覆盖类型阻力值×i + 坡度阻力值×j + 高程阻力值×k

其中 i，j，k 均为单因子阻力的权重。

地形（高程、坡度）对不同生境物种具有相同的阻力值，但不同的土地覆盖类型对不同生境的物种迁徙具有不同的阻力值。将以各阻力值加权相加后即为相应的物种生境源斑块的成本图层。比如，对于陆生动物生境斑块，景观单元栅格阻力值＝针对陆生动物生境斑块的覆盖类型阻力值×i＋坡度阻力值×j＋高程阻力值×k。在 ArcGis 中完成每个景观单元阻力值计算后，再进行重分类（Reclassify）即得到相应源斑块的阻力表面即阻力图层。

2. 成本路径表面的生成

各生境斑块的成本路径表面可利用 ArcGIS 软件的"Cost Distance"工具，分别计算出各源斑块的最小成本路径，生成成本路径表面（Dietzel et al.，2006）。

5.2.2.5　生态脆弱性综合评估

根据景观安全格局特征，廊道建立在源地间以最小累计阻力相联系的路径中。每个源地与其他源地至少有 1 条廊道联系，2 条廊道将会增加源地的安全性，但 3 条及以上的廊道的战略意义远不如第一、二条（傅伯杰等，2001）。根据以上方法，通过模拟水生生物、陆生生物、湿地生物等水平过程，可以确定景观中起关键性作用的要素和空间分布区域，即景观安全格局，将各生物生境的景观安全格局的整合，见式（5-19），将是现有的或是潜在的生态脆弱性区域（裴丹，2012），需要重点保护。

$$EF = Max \ (t_1, \ t_2, \ \cdots, \ t_n) \tag{5-19}$$

式（5-19）中，EF 为评价单元的生境脆弱性计算分值，n 为评估生物的生境数量，t_n 为第 n 个生境的单项生境脆弱性值。

需要指出，与传统生态适应性评价方法不同，景观安全格局优化方法主要关注景观单元的水平关系，以及由此形成的整体景观空间结构。虽然目前我们对于景观中的各种生态过程分析认识还较为粗浅，但格局优化法毕竟在水平关联上提供了一种新的景观格局优化思路，对传统以适宜性评价为主导的生态规划方法进行了有益补充。

5.2.3　经济重要性评估

5.2.3.1　经济重要性评估的内涵

城市基本生态控制区是城市生态环境的主要承担者，是城市景观品质的重要塑造者，是城镇拓展空间的支持者，是城镇的生产、生活物资的供应者（谢英挺，2005）。城市基本生态控制区虽然限制开发项目建设，却包含了更丰富的使用功能。除了必须封闭保护的生态敏感区之外，农田等生产性景观和林地、水体、风景区与历史遗址公园等游憩区域，都与市民的文化生活和农村的社会经济发展密切相关。因而城市基本生态控制区保护性利用规划不仅是控制建设开发项目，还需要进行保护和利用相结合的功能布局（李博，2008）。

经济重要性（Economic Importance）评估即为识别城市基本生态控制区中具有发展潜力的区域，以便结合生态重要性及生态脆弱性评估，为城市基本生态控制区的保护性利用规划奠定基础。

5.2.3.2 评估方法

借鉴当前比较成熟的叠加分析法，利用 GIS 技术，进行综合评价。具体而言，经济重要性的评价范式同 5.2.1.2，均分为确定评价因子、建立评价指标体系、单一因子评价、综合评价 4 个主要类别，只是评价因子的选取较 5.2.1.2 小节不同，应根据土地的经济发展潜力选取相应的指标。

通过专家论证和系统初步分析，找出影响用地经济重要性的因素 F 和相关因子 S，划分基本评价单元，构建多因素综合评价模型，建立各因素之间的关系，量化地计算出每个基本评价单元中各因素的经济重要性结果。具体技术路线见图 5-5。

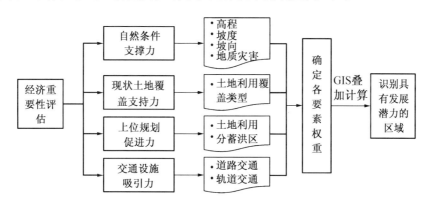

图 5-5　经济重要性评估技术流程图

首先，构建各单因素的评价指标模型：

$$f_i = \sum_{k=1}^{m} s_{ik} \times w_{ik} \tag{5-20}$$

式（5-20）中，f_i 为某土地单元第 i 个因素的综合得分，s_{ik} 为该土地单元在 i 因素中参评指标 k 的分因子得分，w_{ik} 为参评指标 k 的分权重。

然后，进行各单因素综合评价，建立综合评价模型：

$$y = \sum_{i=1}^{n} f_i \times d_i \tag{5-21}$$

式中，y 为某土地单元适宜性评价的总得分（指数和），d_i 为参评因素 i 的权重系数。

综合式（5-20）、式（5-21），可得到模型（5-22）：

$$y = \sum_{i=1}^{n} \sum_{k=1}^{m} s_{ik} \times w_{ik} \times d_i \tag{5-22}$$

5.2.3.3 指标体系的构建

城市基本生态控制区经济重要性影响要素主要通过要素化和系统化 2 种方式来分析。要素化即从诸多问题中寻求和筛选关键要素，如在研究中关注某个或某几个主要影响要素、上位规划、交通条件、政策要素、城市用地条件、自然环境条件、交通等基础设施条件、建设门槛等。系统化即按照一定的逻辑将这些影响要素进行组织系统严密化。本研究结合要素化与系统化，首先通过归纳整理，从自然条件支撑力、现状土地覆盖支持力、上位规划促进力、交通设施吸引力四个角度选取自然、土地利用、上位规划、交通条件作为主要因素 F，然后遵照综合分析和主导因素相结合、数据可获取性原则，结合评价对象的实际情况，选取相关的评价因子 S。

指标体系涵盖自然条件支撑力、现状土地覆盖支持力、上位规划促进力、交通设施吸引力 4 大评价类型，共计 9 个评价因子，见表 5-10。

经济重要性评价指标体系一览表　　　　　　　　　　　表 5-10

序　　号	指 标 类 型	评 价 因 子
1	自然条件支撑力	（1）坡度
		（2）坡向
		（3）高程
		（4）地质灾害
2	现状土地覆盖支持力	（5）土地利用覆盖类型
3	上位规划促进力	（6）土地利用类型
		（7）分蓄洪区
4	交通设施吸引力	（8）道路交通
		（9）轨道交通

需要特别说明的是，本书建立的指标体系为影响土地经济发展潜力的部分代表性指标，在具体案例的评价中，可根据数据的可获取性及案例自身特征，有针对性地增加或减少相应的指标类型及评价因子。

5.2.3.4　数据获取及计算

数据获取及计算就是如何获得 s_{ik}、w_{ik}、d_i 的值，并进行求和计算。

计算方法在笔者发表的论文《基于 GIS 的城市空间增长用地选择探讨》（《规划师》，2009 年第 9 期）一文中有详细的论述，在此不再赘述。

5.2.3.5　经济重要性综合评估

利用 ArcGIS 软件的栅格计算工具（Raster Calculator）进行叠加计算，得到 f_i、y。对计算结果进行重分类（Reclassify）分级确定城市基本生态控制区用地经济重要性程度，经济重要性程度随分值增加而提高。最后，以经验值或统计值确定指数的分等界限，得出用地的经济重要性分级。

5.2.4　综合评估及保护与利用分区

5.2.4.1　综合评估

综合生态重要性、生态脆弱性及经济重要性评估结果，进行综合评估，评估方法见式

（5-23）。

$$V = w_i Max（ES，EF）+ w_j EV \qquad (5-23)$$

式（5-23）中，V 为综合评估值，ES 为生态重要性评估值，EF 为生态脆弱性评估值，EV 为经济重要性评估值，w_i 为生态资源保护的权重，w_j 为生态资源利用的权重。Max（ES，EF）为城市基本生态控制区评价单元生态重要评估值和生态脆弱性评估值的最大值，表明某一景观单元的生态评估值取其生态重要性和生态脆弱性评估中最优的方面作为总体保护与利用评估的计算依据。

5.2.4.2　保护与利用分区

根据综合评估结果 V，采用 ArcGIS 的分类中的"Quantile"分类，将综合评估结果分为两类：

禁建区：是城市必须确保的生态控制要素的保护范围，是确保城市生态安全的基本生态控制线。比如饮用水水源一级保护区、河流、湖泊、水库、湿地、山体，以及其他为维护生态系统完整性，需要进行严格保护的基本农田、生态绿楔核心区、生态廊道等区域。

限建区：城市基本生态控制区范围内，禁建区以外的区域。

5.3　保护性利用规划

5.3.1　空间管制要求

5.3.1.1　项目准入要求

1. 禁建区项目准入

禁建区是城市基本生态控制区保护的关键，在该区域只能准入重大的交通市政基础设施及确需的为生态农业、风景游览配套的服务设施。具体而言，主要包括：①具有系统性影响，确需建设的道路交通设施和市政公用设施；②生态型农业设施；③公园绿地及必要的风景游赏设施；④确需建设的军事、保密等特殊用途设施。

2. 限建区项目准入

除禁建区准入项目外，还可准入：①风景名胜区、湿地公园、森林公园、郊野公园的配套旅游接待、服务设施；②生态型休闲度假项目；③必要的农业生产及农村生活、服务设施；④必要的公益性服务设施；⑤其他经规划行政主管部门会同相关部门论证，与生态保护不相抵触，资源消耗低，环境影响小，经上级政府批准同意建设的项目。

5.3.1.2　各类城市建设项目管控措施

针对城市基本生态控制区内的城市建设项目，按照用地类型，分为工业、居住、农村居民点、旅游休闲、交通及市政基础设施、其他，共计6种类型，根据项目准入要求及新建或已建类别提出相应的管控要求（表5-11）。

不同城市也会提出具体的处理措施，如武汉市对城市基本生态控制区内1727个既有项目的处置，从是否符合政府令准入要求和是否具备合法手续两个方面进行判别，据此提出 7 种具体处置意见（图 5-6）：

城市基本生态控制区城市建设项目管控要点一览表　　　　表 5-11

类　别		保护控制要点	
		禁建区	限建区
工业	新建	禁止	
	已建	搬迁腾退，恢复生态功能	合法已建项目，经整改环评达标后保留一类工业，搬迁腾退二、三类工业； 违建项目，限期搬迁腾退，恢复生态功能
居住	新建	禁止	经环评达标后，在满足建控要求前提下，允许适当建设一类生态型居住
	已建	具有历史文化价值的建筑保留； 合法的一类居住项目经整改环评达标后保留； 其他居住项目置换搬迁； 违建项目，限期搬迁腾退，恢复生态功能	
农村居民点	历史文化名村、古村落	保留	
	一般农村居民点	鼓励搬迁； 在生态影响较小前提下，允许保留，但禁止新增用地规模	在生态影响较小前提下，允许适当进行保留、搬迁、合并、改建
旅游休闲	新建	禁止在自然保护区的核心区和缓冲区以及一级水源保护地建设，其他区域可建设必要的旅游基础设施和游赏景观设施	在不破坏生态环境前提下，允许适当建设
	原有	整改环评达标后可适当保留	允许适度改建、扩建
交通及市政设施	已有设施	保留、整改、扩建应进行可研和环评论证	保留、允许适当改、扩建
	新建设施	在可研和环评通过前提下，允许布局重大交通及市政公用设施	在可研和环评通过前提下，允许布局交通及市政公用设施
其他用地		除了必要的特殊用途设施用地外，禁止与生态保护无关的项目建设	允许绿地、必要的公共设施和生态型研发以及教育文化设施及特殊用途设施用地布局，禁止与生态保护无关的建设

（1）对既符合准入要求又具备合法手续的项目（"双符合"项目），原则上全部予以保留。此类项目共计 377 项，用地面积 42km²，占既有项目总面积的 33.5%。

（2）对符合准入要求但手续不全的项目（"单符合"项目），限期补办手续后可予以保留。此类项目共计 162 项，用地面积 5.6km²，占既有项目总面积的 4.5%。

（3）对已批已供已建但不符合准入要求的非工业仓储类项目（"单符合"项目），经建设整改后可予以保留。此类项目共计 344 项，用地面积 35.4km²，占既有项目总面积的 28.2%。

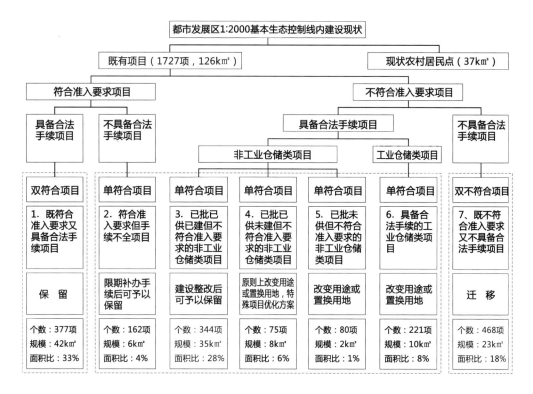

图 5-6 武汉市基本生态控制区项目清理框图
来源：武汉市规划研究院，2013b

（4）对已批已供未建但不符合准入要求的非工业仓储类项目（"单符合"项目），原则上应改变用途或置换用地。其中，对生态环境影响较小，特殊的非工业仓储类项目，应一事一议，优化设计方案并报市政府审批后予以实施。优化方案应严格保护山边、水边、生态廊道等重要生态敏感区域，并对项目建设强度、密度、高度、绿地率等予以严格控制，同时鼓励低碳环保、绿色建筑技术的运用。此类项目共计 75 项，用地面积 7.6km²，占既有项目总面积的 6.1%。

（5）对已批未供但不符合准入要求的非工业仓储类项目（"单符合"项目），应改变用途或置换用地。位于限建区内的项目，应改变项目用途，使其符合政府令准入要求；位于生态底线区（禁建区）内的项目，应置换至城镇集中建设区内，或由政府收回土地，原项目建设用地指标区内统筹使用。此类项目共计 80 项，用地面积 1.6km²，占既有项目总面积的 1.2%。

（6）对具备合法手续的工业仓储类项目（"单符合"项目），应改变用途或置换用地。工业项目原则上均应进入工业园区集中建设。线内已批已供已建、已批已供未建或已批未供的工业仓储类项目，如位于限建区内，可改变项目用途，使其符合政府令准入要求；如位于禁建区内，则应置换至各区工业园区内，或由政府收回土地，原项目建设用地指标区内统筹使用。此类项目共计 221 项，用地面积 10.3km²，占既有项目总面积的 8.2%。

（7）对既不符合准入要求又不具备合法手续的项目（"双不符合"项目），近期应首先迁出基本生态控制线。此类项目共计 468 项，用地面积 23.2km²，占既有项目总面积的 18.5%。

5.3.2 空间组织模式

5.3.2.1 空间组织的原则

构建适宜的城市生态用地空间组织模式，引导村民集中，产业生态化转型。空间组织模式构建必须依照以下 4 个原则：

（1）以行政界线为基础。对接行政管理机构的行政管辖范围，进行统筹空间布局，方能形成便于实施的方案。

（2）以生态产业为支撑。依据城市生态空间的自身特色，合理进行产业布局，做大做强优势特色产业，发展壮大农产品加工业和生态观光产业。

（3）以村镇发展为重点。集中布设重点镇、新市镇和新村社区，便于产业发展与居民生活，以区域内生态产业发展带动村镇建设，以合理的村镇体系保障产业发展。

（4）以城乡统筹为目标。打破城乡二元结构，在产业、空间、基础设施的配置上进行合理引导，在不损害生态控制区生态系统服务价值的前提下，为城市基本生态控制区内的乡村创造多样化的发展途径，为广大乡村居民创造更多的就业机会、为城市基本生态控制区的实施提供更多的可能。

5.3.2.2 乡镇建设模式借鉴

1. 新市镇

新市镇建设是我国村镇建设发展的主要方向，当前主要有 2 种类型：一种是近郊型新市镇，具有产业、居住功能，类似卫星城等；另一种是远郊型、行政区划调整型的新市镇，如通过改造郊县驻地的镇，在原中心镇、重点镇基础上扩建的新市镇。

目前，典型的案例有：

镇江的"三新"模式，即新市镇、新社区和新园区。新市镇是农村区域性经济、文化、服务中心，是联结城乡的现代化小城市，是主、副中心城市的特色功能区和卫星城；新社区，则是农村新型集中居住区，是有完备基础配套设施，有规范物业管理，有配套的公共服务的现代文明小区；产业园区包括工业集中区和现代农业园区。

常州的卫星城模式：在市域范围内建设 3～4 个设施齐全、环境优美、产业与居住均衡布局的新市镇。一般位于主要交通干线附近，以距中心城区 20～30km 为宜，规划人口在 20 万人以上，具有一定的产业比较优势，以及较完备的公共设施和相对完善的教育、文化、医疗等社会服务体系，能带动周边乡镇的发展。

2. 农民社区建设

浙江乐清，推行多种社区建设模式，包括单一模式、混合模式、过渡模式 3 种。其中，单一模式是以行政村为单元的"一村一社区"，社区与现有村委会的管辖区域一致，社区组成人员为本村村民，改善农村新社区的生产生活条件，提高生活质量和环境质量是社区建设的重点。混合模式是由多个行政村组成一个农村新社区，加强社区服务、培育社区归属感是改造的重点。过渡模式是在经济比较发达的城中村和城郊村，已逐步撤村建居，由农村社区逐步向城市社区过渡。

成都推行"社区 + 聚居点"的模式。农村新型社区按居住户数或人口的规模分为社区、由社区和几个聚居点（组团）共同组成的社区两类。农村新型社区居住用地规模宜分圈层和地形控制，一般地区人均建设用地标准不大于 $60m^2$/人，丘陵地区不大于 $70m^2$/人，山区不大于 $80m^2$/人；生产用房的用地规模，在集约节约用地的原则下不计入农村新型社区建设用地指标内。

5.3.2.3 空间组织模式

根据以上原则，构建以产业为支撑，"产业—村·镇"的城市生态空间组织模式（图5-7）：

（1）产业——生态产业园区，是城市基本生态控制区产业聚集单元。根据自身特色及市场需求，以生态保护为前提，布局的各类产业园区，以产业规模化、园区化促进生态用地功能化，推动乡镇产业经济发展，包括特色农业园、观光农业园、旅游景园等生态产业园。

（2）村——农民新社区，是城市基本生态控制区的基本生活单元。在城市基本生态控制区范围内，为满足生产、生活需求而设置的以居住功能为主的小型社区。其布局应邻近耕作地点、交通干线，避让生态敏感区域，一般选择现状规模较大、位置适中、交通便捷的村庄设置，配置相对完善的基础设施和公共服务设施，服务半径为 2.5~3km。

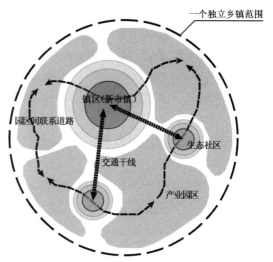

图5-7 空间组织概念模式图

（3）镇——新市镇，是城市基本生态控制区的中心单元。新市镇是乡域行政、经济、文化、服务的中心，主要承担乡镇产业、公共服务和居住功能，是打破城乡二元结构，链接城乡，促进城乡统筹发展的现代化新型小城镇，用地规模一般为 $1~3km^2$。

5.3.3 产业发展对策

5.3.3.1 国内外城郊区域产业发展借鉴

1. 德国农村农业发展的模式

德国的农村风景优美，农业生产率高，农业科技含量高、机械化程度高，农民收入高。德国农业发展以中小家庭农场为主，农业从业人员约占总劳动力的4%，农户不足60万户，80%以上的农产品能够自给。农业组织化程度高，绝大部分农产品及销售加工企业结合成联合体、合作社，实现了农工一体化、产销一体化。

德国农村农业发展的模式总结为：

（1）大力发展生态农业。注重对自然资源尤其是具有重要生态价值的自然群落、风景名胜区、自然景观的保护。以生态农业为主导，禁止引入对生态环境有影响的产业。

（2）鼓励农地合并经营。20 世纪 50 年代，实施《土地整治法》，调整零星小块土地，扩大经营种植规模。积极实施农业支持政策，在欧盟共同农业框架下对农业高度扶持和保护，对农业基础设施建设给予大量资助。

（3）重视农业合作经济组织。农业合作经济组织体现农民社会经济利益，整合形成合力后，对政府政策制定具有强大和持久的影响力，从根本上保障了农民的利益。

（4）调整产业结构实施多元化发展。调整区域产业结构，优化农业产业结构，确保区域发展的均衡性，使各产业协调促进地发展。

（5）推行农村社会保障政策。政府制定了各类适合农村的社会保障制度，像护理保险、养老保险和事故保险等，提升农民的福利。

2. 日本都市农业发展模式

日本都市农业的主要发展模式包括：①偏重生产、经济功能的模式，即提供新鲜、特色、无污染的优质农产品以满足都市消费需求。②偏重生态、社会功能的模式，即为都市居民提供接触自然、农业体验、观光休闲场所的高新技术农业，注重都市农业的生态功能，强调农业在调节城市气候、净化空气、隔离不同功能区、处理城市废弃物以及休闲和教育等方面的作用。③生产、经济功能和生态、社会功能兼顾的模式。

从都市农业的表现形式看，主要分 2 种基本类型：①产品消费型都市农业。借助现代科技手段，对农产品进行品质提升与功能优化，以满足都市居民更高更新农产品消费需求的现代化农业。②休闲观光型都市农业。利用农业的自然属性满足都市居民度假、休闲、观光等需要的城郊农业。

3. 台湾地区"三生"农业发展模式

"三生"农业是指农业"生产、生活、生态"平衡发展，促进生产企业化、生活现代化、生态自然化"三化"的现代化农业发展模式。台湾的"三生"包括 5 种类型：精致农业、观光农场、休闲农场、生态农场和有机农场。

5.3.3.2 产业发展模式

根据以上分析，城市基本生态控制区产业发展主要可采取 2 种模式：

（1）郊野公园模式，主要针对城市基本生态控制区中生态最为敏感的禁建区，如水体、山体、水源保护区、森林、湿地、风景名胜区等。该区域以保证原有自然形态为主，禁止任何对生态环境有影响的人工建设行为。该区域可以学习香港的郊野公园建设模式，在生态保育的基础上，根据自身资源特色，赋予观光、游览等生态功能。

（2）都市农业模式。主要针对城市建设区与禁建区之间的区域，以农村地区为主，是生态与农业发展区。都市农业模式要求立足城市需求和自身资源特色，合理规划布局都市农业的发展类型；统筹兼顾经济、生态、社会功能，以政府主导、企业带动、市场拉动、农民合作经济组织推动四轮驱动相结合，采取"一村一品"、"一乡一品"、"一区一业"的农业生产格局，促进都市农业向专业化、专门化、规模化、区域化"四化一体"发展。都市农业模式注重把农村发展同农民生活水平的提高和城乡经济文化的融合结合起来。

5.3.3.3 产业发展类型选择

结合城市基本生态控制区中禁建区、限建区的分布，以及对产业污染的环境承载力，将禁建区、限建区内产业细分为准入产业、升级产业和淘汰产业 3 种类型。其中准入产业对环境零污染，主要包括林副产业、风景旅游、观光农业、休闲服务、健康产业、文化产业；升级产业对环境有一定污染，但此污染属于可逆污染，可通过技术升级从而减少污染，主要包括立体农业、园艺花卉、畜牧水产养殖、其他产业；淘汰产业对环境破坏较大不适合在禁建区和限建区布局，应予以迁出，包括采矿采石、冶炼、化工、村镇工业等（图 5-8）。

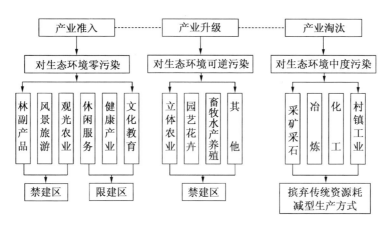

图 5-8　城市基本生态控制区产业发展类型示意图

5.3.4　村镇建设对策

新市镇的用地规模、人均建设用地、公共服务设施配套、道路交通、市政公用设施等建设标准内容，建议参照国家规范《镇规划标准》（GB 50188—2007）进行控制。

新型生态社区建设标准基于生态社区的分布位置不同，按照禁建区、限建区、适建区三种区域进行分类，控制禁建区、限建区内的人口密度、生态社区数量和生态社区规模，鼓励村民向适建区进行集并。

5.3.4.1　新型生态社区建设规模与指标

1. 新型生态社区规划布局原则

（1）节约用地、集约发展，不占或少占耕地；

（2）避让禁建区，以限建区、集中建设区布局为主，考虑到耕作的需求可在禁建区内少量布局，但须满足相关的空间管制要求；

（3）利用现状中心村，临近道路等市政基础设施；

（4）社区选址尽可能保留现状中心小学。

2. 新型生态社区建设标准

生态社区布局的规模和数量以满足所在区域的禁限建分区管制要求为前提，以对禁限建区的生态格局影响最小化为原则，对生态用地内的建设采用用地规模总量指标和单个建设地块建设指标的"双控"体系进行控制。

总量控制：根据生态控制区人口容量，确定禁限建区内人口密度，并基于景观生态格局等研究确定单个社区适宜建设规模，即禁限建区内生态社区的建设重点控制社区数量和社区规模大小，如武汉市制定的新型生态社区所在空间管制区域整体控制要求见表5-12。

武汉市新型生态社区所在空间管制区域整体控制要求一览表　　　表5-12

指标类别	禁建区	限建区	集中建设区
耕作半径	3km		—
人口密度	100~500 人/km²	500~5000 人/km²	5000~10000 人/km²
社区用地规模	2~7hm² 为宜，不宜超过9hm²		

来源：武汉市规划研究院，2013b。

单个地块建设控制：对单个地块进行建设控制，避免出现局部高强度开发。如武汉市单个生态社区的建设标准主要依据"两线三区"的空间管控指标予以确定，具体指标见表5-13。

武汉市单个生态社区建设指标一览表　　　表5-13

指标类别	禁建区	限建区	集中建设区
人均建设用地（m²/人）	50~60	40~50	30~35
生态社区人口规模（人）	600~1000	3000~6000	—
建筑密度	25%	25%	30%
容积率	1.0	1.5	2.2
建筑限高	15	20	35

来源：武汉市规划研究院，2013b。

3. 景中村建设规模与指标

景中村主要指由风景名胜区管理委员会托管，与风景名胜区各景区融为一体的村庄，为规范景中村建设，各地区根据自身特色制定相应景中村建设标准，如武汉市景中村建设规模及相应建设指标见表5-14所列。

武汉市景中村建设规模及指标一览表　　　表5-14

指标类别	内　　容	
人均居住还建用地 （m²/人）	世居户	农业人口
	40	60
人口密度（人/km²）	500~700	
生态社区人口规模（人）	1000	
建筑密度	25%	
容积率	1.0	
建筑限高	15	

备注：风景区内产业用地除购物商贸、旅游点建设等游览设施用地外，应还包括风景点、游憩观光等风景游赏用地

来源：武汉市规划研究院，2013b。

5.3.4.2 生态社区公共服务设施配套指标

参照乡镇规划、居住区规划设计规范等国标及既有规划相关标准，本书整合提出生态社区公共服务设施配套指标，见表 5-15 所列。

生态社区公共服务设施配套指标一览表　　　　　　表 5-15

类别	设施名称	配置要求	备注
教育	◎ 托幼(儿)园	按 25 座/千人，生均占地面积 10 ~ 15m² 左右。用地规模约为 250 ~ 1200m²/处	托幼（儿）园依据乡镇规划标准，按 25 座/千人，建筑面积按 9.8 ~ 10m²/座，用地面积按 10 ~ 13m²/座的标准设置
	◎ 小学	生态社区距离城市规划建设区不足 5km 的，不在社区单独设置小学，鼓励在邻近镇集中就学	
	◎ 基层教育中心（教学点）	生态社区距离城市规划建设区大于 5km，原则上按 37 座/千人，生均占地 34m²，40 人/班，至少 6 班完全小学设置。采用多个生态社区联合设置的方式，在规模较大社区设置小学和幼儿园组成的基层教育中心，按至少 6 班完全小学规模设置	
医疗卫生	● 卫生室	建筑面积 80m² 以上	中心村卫生室建筑面积不小于 140m²，基层村卫生室建筑面积不小于 80m²。兽医站和卫生站分别按 50m²/处设置。建筑面积 38 ~ 98m²/千人
	◎ 卫生站	按用地面积 50 ~ 150m²/处	
	◎ 养老院、"民福院"	（按规划设置）	
文化体育	◎ 文化活动中心	老年活动中心、儿童活动中心、村民培训中心、图书室	
	◎ 科技服务点	建筑面积 50 ~ 200m²，1000 人以下的社区取下限值	
	● 全民健身设施(场地)	结合小广场、集中绿地设置，用地面积不小于 150m²	依据国家级地方公服配套标准，结合绿地设置
商业金融服务	◎ 农贸市场	建筑面积 100 ~ 500m²，1000 人以下的社区取下限值	依据国标，居住小区级市场按建筑面积 500 ~ 1000m²，用地面积 800 ~ 1500m²/处设置
	◎ 邮政、储蓄代办点	建筑面积 100 ~ 150m²，结合商业服务设施设置	依据国标，按建筑面积 100 ~ 150m² 设置，宜结合商业服务中心或邻近设置
	● 早餐店、便利店、修理等小型商业设施	建筑面积 100 ~ 200m²/千人，可利用建筑底层设置	
	◎ 综合超市、家庭旅馆、餐馆、理发、照相	依据国家公服配套标准，按建筑面积 340 ~ 500m²/千人设置	

类别	设施名称	配置要求	备注
市政公用	● 垃圾收集点	服务半径不大于70m，垃圾集中处理率达70%以上	依据国标，服务半径不大于70m，宜采用分类收集
	◎ 垃圾转运站	按1个行政村设置1处垃圾转运站	用地面积200m²，与相邻建筑间距应不小于8m，绿化隔离带不小于3m
	◎ 垃圾处理	宜统筹规划联建共享	距社区0.5km以外
	● 公厕	建筑面积60m²左右，每千人1~2座	依据国标，按建筑面积30~60m²/处，用地面积60~100m²/处设置
	◎ 电信宽窄带综合接入点机房	用地面积按60m²/处设置	
	◎ 公交站	（按规划设置）	
	◎ 配电房	建筑面积50m²左右	
	● 水泵房	供水区域内社区设置	
	● 污水处理	位于城镇污水处理厂服务范围内的生态社区，将污水集中收集后进入城市污水管网，统一处理。位于城镇污水处理厂服务范围外的社区，因地制宜，原则上每社区布局一处分散式污水处理设施，集中处理社区污水，达标后就近排放	
	◎ 防灾	设置综合避灾疏散场所和疏散通道，场所内部应设防火设施、防火器材，具备临时供电、供水和卫生条件	人均疏散场地不宜小于2m²，避灾疏散通道不小于4m
社区管理及综合服务	● 社区综合服务中心用房	建筑面积150m²以上，具备村党组织办公室、村委会办公室、党员活动室、信访调解室、综合会议室、警务室、档案室、阅览室、社区服务和社会保障站、医疗计生服务站等功能其中：医疗计生服务站建筑面积20m²以上（1000人以上或有条件的社区可分设）	乡镇规划标准为新建村级组织办公活动场所建筑面积应不少于200m²，其中办公场所面积应不少于80m²

注：1. ● 基本目标（必设），◎ 提高目标（条件允许设置）。

2. 备注栏为参考标准。

5.3.4.3 新型生态社区其他建设要求

（1）绿色能源的使用量宜达到小区总能耗的30%（折合成电能计算）；

（2）坚持节约和循环使用水资源，污水处理率应达到100%，达标排放率应达到100%，建立中水系统和雨水收集与利用系统；

（3）道路照明应达到15~20lx，住宅80%的房间应能自然采光，尽可能使用节能灯具；

（4）住宅的空调及热水供给宜利用太阳能、风能等绿色能源，推广使用空调、生活热水联供的热环境技术；

（5）绿地率大于等于35%，绿地本身的绿化率大于等于70%，尽可能使用乡土树种；

（6）生活垃圾收集率应达到100%，分类率应达到70%，生活垃圾收运密闭率应达到100%，生活垃圾回收利用率应达到50%；

（7）建设采用的建筑材料中，3R材料的使用量宜占所用材料的30%，建筑物拆除时，材料的总回收率应能达到40%。

5.3.5 规划管控对策

5.3.5.1 编制单元划分

生态编制单元是城市基本生态控制区导则编制的基本单元，应衔接分区层面保护规划以及其他上位规划对编制单元的划分要求。结合自然界线（河流、湖泊、岛屿、林带等）、行政界线（区、镇、村等）、人工界线（铁路、主要道路、用地界线及其他设施等），划分生态编制单元。生态编制单元规模一般控制在 $10 \sim 20 km^2$，禁建区所占规模比重较大时，可适当扩大。

生态编制单元内的限建区，可根据实际情况进一步划分为若干生态管理单元。生态管理单元是分解落实生态编制单元内限建区各项控制指标的基本单元。管理单元基本规模在 $1 \sim 2 km^2$ 之间。

5.3.5.2 用地分类要求

1. 建设用地分类

根据城市基本生态控制区限建区用地特点，以《城市用地分类与规划建设用地标准》（GB 50137—2011）（以下简称"《标准》"）的分类为基础，综合城乡规划和风景名胜区规划用地分类特点，形成城市基本生态控制区建设用地分类。建设用地 H1、H2、H3、H4、H5 按照《标准》划分至中类，对于"H9 其他建设用地"，根据城市基本生态控制区项目准入的特点，建议进一步细分，增加"H91 生态型旅游服务设施用地"、"H92 生态型公共服务设施用地"、"H93 生态型农副业生产用地"、"H94 居民社会管理用地"、"H95 交通工程用地"、"H96 生态绿化用地"、"H97 生态滞留用地"、"H99 其他独立建设用地"共计 8 个中类，详见表 5-16。

限建区内的城市建设用地主要用于满足周边生态项目或农业项目配套设施用地要求，市、区级大型公共服务设施用地要求，村民住宅用地要求，以及其他必要的设施配套用地要求。规划应以此为线索，合理核算限建区建设用地总量控制规模。"生态型旅游服务设施用地"（H91）、"生态型公共服务设施用地"（H92）、"生态型农副业生产用地"（H93），这 3 类建设用地是只允许准入限建区的产业用地类型，依托于生态项目或农业项目的捆绑策划，其用地布局和规模控制应以相关生态或农业项目的设施用地配套要求为依据。

限建区内的城市建设用地布局应有利于生态资源和社会公共资源的合理配置。生态休闲、疗养等旅游度假项目应优先布局在临近山边、水边等优质生态及景观区域；大型公共服务设施项目，应综合上位规划相关要求，靠近集中建设区布局，或布局在交通便捷的区域。

限建区非建设用地参照禁建区土地用途控制方式控制。

城市基本生态控制区建设用地新增分类及代码一览表 表 5-16

类别代码		类别名称	范　　围
大类	中类		
		建设用地	
		其他建设用地	包含边境口岸和风景名胜区、森林公园等管理及服务设施用地
H9	H91	生态型旅游服务设施用地	限建区内为旅游度假服务配套的低密度的、公共性的设施用地，包括住宿、休疗养、会议、大型餐饮等
	H92	生态型公共服务设施用地	限建区内有特殊隔离要求的医疗卫生、与历史文化遗存相结合的文化、与生态资源相结合的体育等公共服务设施等
	H93	生态型农副业生产用地	限建区内独立设置的各种农副业及其附属设施用地
	H94	居民社会管理用地	生态绿楔内农村居民点外，必要的独立设置的为村民社会管理及发展服务的用地，包括中小学、医疗卫生、行政管理等
	H95	交通工程用地	生态绿楔自身需求的对外、内部交通通信与独立的基础工程用地
	H96	生态绿化用地	生态绿楔内的公园、防护绿地等建设用地
	H97	生态滞留用地	生态绿楔内涉及项目清理的各项建设用地
	H99	其他独立建设用地	除以上之外的生态绿楔内其他建设用地

注：H1、H2、H3、H4、H5 按照《城市用地分类与规划建设用地标准》（GB 50137—2011）执行。

2. 非建设用地分类

根据城市基本生态控制区禁建区用地特点，综合土地利用规划特点和生态要素保护控制要求，形成城市基本生态控制区非建设用地土地用途区分类，详见表 5-17。非建设用地 E-J、E-Y、E-W、E-L 划分至一级用途区，E-S 一般划分至二级用途区。

城市基本生态控制区非建设用地土地用途区分类及代码一览表 表 5-17

用途区代码		用途区名称
一级	二级	
E-J		基本农田区
E-Y		一般农地区
E-S		生态安全控制区
	E-S1	水体
	E-S2	山体
	E-S3	水体保护区
	E-S4	山体保护区
	E-S5	其他生态安全控制区域
E-W		自然与文化遗产保护区
E-L		林业用地区

注：土地用途区按照基本农田区、一般农地区、生态安全控制区、自然与文化遗产保护区、林业用地区的顺序，
　　管控级别逐级降低。

土地用途区内各类活动应在满足项目准入要求基础上，按照各土地用途区管制规则严格执行。土地用途区原则上不相互重叠，确有重叠的，按照管控级别由高到低逐级覆盖。

山体、山体保护区、水体、水体保护区以及其他生态廊道等重要生态敏感区，具有极高的生态保护价值，应明确其边界线及控制规模，区内禁止一切与环境保护无关的开发建设活动。禁建区建设用地参照限建区建设用地控制方式控制。

5.3.5.3　主要控制方式

控制方式分实线控制、虚线控制、点位控制和指标控制4种类型。

（1）实线控制：需控制的规划要素在控规图则中采用实线予以界定。实行实线控制的规划内容，其地块的位置、边界形状、建设规模、设施要求等原则上不得更改，确须更改的，要经过相应的调整、论证及审查程序，报原审批机关审查同意。

（2）虚线控制：需控制的规划要素在控规图则中采用虚线予以界定。实行虚线控制的规划内容，其地块的位置、规模及设施要求等不得作出更改，用地边界可以根据具体方案深化确定。

（3）点位控制：需控制的规划要素在控规图则中采用点位予以界定。实行点位控制的规划内容，可在确保设施规模的前提下，结合相邻地块开发与其他项目进行联合建设。

（4）指标控制：需控制的规划要素在控规图则中采用指标予以界定。实行指标控制的规划内容，其控制指标不得改变，其用地的位置和范围则可以通过下位规划落实。

5.3.5.4　相关控制内容

1. 指标控制

（1）容积率控制：按管理单元确定容积率上限控制要求。

（2）建筑密度控制：按管理单元确定建筑密度上限控制要求。

（3）绿地率控制：按管理单元确定绿地率下限控制要求。

（4）建筑高度控制：按管理单元确定建筑高度上限控制要求。

（5）透水率控制：按管理单元确定透水率①下限控制要求。

2. 农村居民点控制

（1）农村居民点布局及规模。农村居民点控制规模与布局通过村庄规划和城乡建设用地增减挂钩方案确定。村庄规划既要坚持适度集聚的原则，又要实事求是，充分考虑村庄行政管理、生态保护、耕作半径、民族习俗、实施的可行性等，科学合理确定。禁建区农村居民点建设用地总规模及建筑总规模不得增加，居民安置点单处规模不宜大于300户。原址整治类农村居民点用地采用实线控制，新增类农村居民点用地采用虚线控制。

（2）农村居民点公共服务配套。确定农村居民点公共配套设施控制规模。滞留用地中涉及居住的设施配套要求，按照项目清理处置意见执行。

农村居民点公共设施按照5.3.4.3节的要求配置，确定村委会、文化中心、幼儿园等控制规模。农村居民点公共设施规模采用指标控制。

（3）农村居民点建筑高度。制定农村居民点建筑高度控制要求。禁建区内农村居民点

---

① 透水率指的是建筑未覆盖部分用地中自然雨水可渗入地下的渗水面积占基地用地面积的比例。

应体现乡村风貌特色。

3. "五线"控制

（1）红线控制：包括交通性道路（城市道路、轨道交通、公路等）和游览性道路（绿道、旅游通道等）的用地控制线。确定高速公路、城市快速路（含一级公路）、主干道（含二级公路）、次干道（含三级公路）、限建区主要支路控制线，确定绿道、旅游通道的控制线，确定轨道交通控制线和影响线，确定限建区支路路网密度。高速公路、城市快速路（含一级公路）、主干道（含二级公路）、次干道（含三级公路）、轨道交通控制线和现状道路（包括支路、四级公路、绿道、旅游通道等）采用实线控制，规划绿道、旅游通道、支路（含四级公路）和轨道交通影响线采用虚线控制，限建区支路网密度采用指标控制，禁建区原则上不控制支路网密度。

（2）绿线控制：确定组团级公园的控制线，确定各类用地绿地率，确定主要的交通、市政基础设施（包括主干道以上级别道路、铁路线、污水处理厂、垃圾处理厂等）以及城市组团绿化隔离带等防护绿地界线。组团级公园、防护绿地采用实线或虚线控制，其中，现状保留和明确绿化建设项目采用实线控制，其他规划控制的绿地采用虚线控制；绿化率采用指标控制。

（3）紫线控制：确定历史文化名镇、名村保护范围（包括核心保护区和建设控制地带）；确定区级以上文物保护单位、不可移动文物和优秀历史建筑等的保护范围（包括建筑本体和建设控制地带）。历史文化名镇、名村和历史建（构）筑物的保护范围采用实线控制。对于无法确定具体保护范围的地下文物埋藏区，应当分析文物可能分布的密集区，采用虚线控制或点位控制。

（4）水体控制线（蓝线）控制：确定江、河、湖、水库以及其他重要水体保护和控制的地域界限。水体控制线（蓝线）均采用实线控制。

（5）黄线控制：包括交通设施和市政设施 2 类设施的用地控制线。交通设施包括 2 类交通设施走廊（铁路线及站场、轨道交通走廊）和 1 类交通设施保护线（机场净空控制线）；市政设施包括城市保护圈、保护区及安全区堤防保护线，分蓄洪区范围线及泄洪道控制线，高压电力走廊控制线，主要湖泊之间、湖泊与外江之间明渠控制线，区域性供水、输油、输气、长途通信及排污管走廊控制线，饮用水水源保护区的范围，区域防灾避害设施以及水厂、污水处理厂、垃圾处理场、给水加压站、排涝泵站、变电站、通信机楼、燃气长输管道门站（阀室）、垃圾转运站、加油加气站、中小型水利工程设施等市政设施。现状保留和明确建设项目的设施用地采用实线控制，其他用地采用虚线控制。

4. 生态功能区控制

（1）生态功能区布局及规模：禁建区生态功能区包括生态旅游（风景名胜区、森林公园、自然保护区、湿地公园、地质公园、郊野公园等）和农业旅游（农业观光园、生态采摘园等）2 类功能区。确定每个生态功能区用地边界。生态功能区用地边界采用虚线控制，现状已形成的生态功能区用地边界采用实线控制。

（2）生态功能区设施配套：是指为生态功能区配套的管理建筑、游览、休憩、服务、公用建筑等在内的低密度公共性的小型旅游服务设施用地，不包括住宿、休疗养、会议、大型餐饮等不准入禁建区的设施类型。明确每个生态功能区的配套设施类型及控制规模。配套设施类型及用地规模应根据生态功能区类型及功能区总用地规模确定。生态功能区配套设施规模采用指标控制。

5.4 本章小结

本章以构建的保护性利用规划理论框架为指导，阐述了保护性利用规划技术路径构建的过程及操作步骤的技术细节，以指导具体的保护性利用规划实践。技术路径分为生态资源评价、保护与利用评估、保护性利用规划 3 个部分，每个部分之间相互关联又彼此独立，每个部分有特定的输入端和输出端，上一步的输出端是下一步的输入端，最后得到的规划结果又反过来与第一步生态资源评价的结果相对比，以验证实施保护性利用规划后是否损害了生态系统服务的价值。具体而言，每个部分的核心内容如下：

（1）进行生态资源评价。①进行土地利用/覆盖现状评价，作为景观格局评估和生态系统服务的价值评估的基础；②采用 GIS 技术将矢量的土地利用现状图栅格化及重分类，运用 Fragstats 软件，选取斑块数量（NP）、斑块比例（PLAND）、景观形状指数（LSI）、边界密度（ED）、最大斑块指数（LPI）、平均斑块面积指数（AREA_MN）、蔓延度指数（CONTAG）、散布与并列指数（IJI）、景观连通度指数（COHESION）、香农多样性指数（SHDI）等代表性指标，进行景观格局评估；③利用科斯坦萨等提出、经诸多学者改进的直接市场价值法进行生态资源服务的价值评估。

（2）以生态资源评价结果为基础，开展保护与利用评估。①基于生态用地的"垂直"属性，进行生态重要性评估，找出生态系统中能提供较高生态系统服务价值的关键要素；②基于生态用地的"水平"属性，根据景观生态学的过程—格局相互作用原理，优化景观空间格局，提升生态系统的"质"；③在传统保护与利用分区主要考虑生态因素的基础上，引入经济重要性因子，从自然条件支撑力、现状土地覆盖支持力、上位规划促进力、交通设施吸引力 4 个方面，进行经济重要性评估；④将生态因子与经济因子整合，进行保护与利用分区，形成禁建区及限建区两大区域，作为保护与利用规划的前提。

（3）进行保护性利用规划对策制定。在生态资源保护的前提下，以城乡规划理论为指导，从空间管制要求、空间组织模式、产业发展对策、村镇建设对策、规划管控对策 5 个方面，提出保护性利用规划的对策和措施。在空间管制上，明确禁建区及限建区的空间管制要求；在空间组织模式上，构建了"产业—村·镇"体系；在产业发展对策上，提出以郊野公园及都市农业为主导的产业发展模式，并提出生态化产业发展策略及分区产业发展类型的选择思路；在村镇建设对策上，本书研究了新型生态社区的建设规模和指标、生态社区公共服务设施配套的指标；在规划管控上，探讨了编制单元划分的标准、用地分类的要求、控制的方式及控制内容，将以上形成的空间指引和建设要求落实到具体的控规图则上，以对接规划管理和实施。

总的说来，"技术路径"的建立对城市基本生态控制区保护性利用理论框架的实施进行了具体阐释，尤其是在保护性利用评估体系的建立上，从生态要素"垂直"及"水平"特征出发，对生态评价方法进行了优化；更关键的是，传统的城市基本生态控制区分区管控评价指标主要从生态角度构建，较少考虑生态资源的经济价值要素，本书增加了经济因子，形成一套新型的保护与利用评价指标体系，也是城市基本生态控制区保护性利用评估方法的优化。

6　武汉市的案例研究

本章以武汉市为例，进行城市基本生态控制区保护性利用规划案例研究，对保护性利用规划的理论及路径进行验证。以 2009 年（武汉市城市基本生态控制区划定之初）、2012年土地利用现状矢量图为基础数据，进行生态资源评价；以此为基础，进行保护与利用评估及保护性利用规划，另选取柏泉办事处作为具体保护性利用规划的试点提出具体的保护性利用对策，并进行规划前后效果评估。

6.1　武汉市城市基本生态控制区现状概况

6.1.1　武汉市城市基本生态控制区的划定

武汉市是中国中部地区的中心城市、湖北省省会，2013 年市域常住人口 1022 万，总面积 8494.41km²，长江、汉水纵横交汇，形成了武昌、汉口、汉阳"三镇鼎立"的城市格局。

武汉市自然资源丰富，素有"百湖之市"之称，全市水域面积约 2200km²，约占国土面积的 1/4。长江、汉江两江交汇，市域内 166 个湖泊和 58 座山体镶嵌城中，湖山相映，形成了独特的"一城江水半城山"的自然格局。

6.1.1.1　划定的背景

2010 年，《武汉市城市总体规划（2010—2020）》经国务院批复，规划坚持"生态文明"理念，城市发展以 1 个主城 +6 个新城组群为主体，在主城与新城组群以及新城组群之间利用天然的山水资源，形成沿三环线和外环线的 2 个生态保护圈，防止城市"摊大饼"式蔓延；利用大东湖水系、汤逊湖水系、长江、后官湖水系、府河水系和武湖水系，形成 6 条楔形绿地，与三环线、外环线的生态保护圈一起构成"环状 + 楔形"生态框架，构建了"大生态大发展"的空间格局（图 6-1）。2009 年 11 月 8 日，国际规划师学会（ISOCARP）第 45 届国际规划师大会，授予《武汉市城市总体规划（2010—2020）》"全球杰出贡献奖"，被评价为"符合人类聚居形态发展的先进理念，具有全球示范效应"。2010 年 4 月，武汉市城市总体规划荣获全国优秀城乡规划设计一等奖。

"十二五"期间，武汉市正处于急速城镇化的转型时期，一方面武汉市着眼构建国家中心城市，大力推进新型工业化、城镇化，城市面临高速发展的空间扩张需求；另一方面，城市也面临着"摊大饼"式无序蔓延的现实，生态资源保护压力重重。在此关键时期，武汉市如何正确处理好促进"大发展"与保护"大生态"的关系，寻求转型期城镇发展与生态保护的平衡路径，既有效推进主城外围新城组群的建设，又主动实施城市总体规划确定的生态框架，维系城市生态安全，并兼顾市、区、乡及原住民的发展诉求，实现都市发展区全域范围的城乡统筹协调发展，构建集约有序、可持续发展的城镇空间格局与有效的生态建设机制，是转型期武汉亟待回答的重要问题。在此背景下，2010 年 7 月始，以国务院批复的武汉市城市总体规划和土地利用总体规划 2 个总规为依据，武汉市国土资源和规划局陆续组织武汉市规划研究院编制了《武汉都市发展区"1 + 6"空间发展战略实施规划》《武汉都市发展区非集中建设区实施规划》《武汉都市发展区"两线三区"空间管制与实施规划》《武汉市都市发展区 1∶2000 基本生态线划定规划》等一系列规划，划定了城市基本生态控制区的范围界限，同时，进一步从都市发展区空间发展战略、空间管控及非集中建设区建设实施等层面统筹城乡空间发展秩序，从而破解转型期"保护"与"发展"的难题，为推进武汉"两型社会"建设奠定物质空间基础。

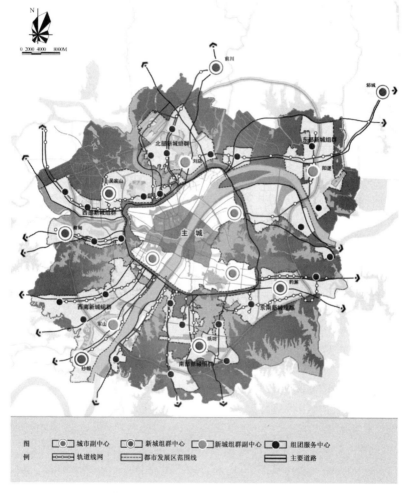

图 6-1　武汉市都市发展区规划结构图

来源：武汉市规划研究院，2013a。

6.1.1.2　划定的方法

武汉市城市基本生态控制区的划定主要按照以下步骤进行：

1. 明确城市生态框架结构——"两轴两环，六楔多廊"

根据《武汉市城市总体规划（2010—2020 年）》、《武汉市生态框架保护规划》，生态框架以"环—楔—廊—轴"网络化模式布局，在市域范围构建"两轴两环，六楔多廊"的生态框架结构。

"两轴"是以长江、汉江及东西山系构成"十字"形山水生态轴。

"两环"是三环线生态隔离带（分隔主城与新城组群）和生态外环（分隔都市发展区与农业生态区）。

"六楔"是主城周边6个外围空间方向，依大中型湖泊水系、山系的分布，控制府河、武湖、大东湖、汤逊湖、青菱湖、后官湖水系等6个以水域湿地、山体林地为骨架，城市内外贯通的大型放射形生态绿楔。

"多廊"是在各城镇建设组团间、六大生态绿楔间，以若干宽度适宜的生态廊道成为各生态基质斑块的重要连通道。

2. 确定城市刚性生态保护要素

作为城市生态资源的基质与生态最为敏感的区域，水体、山体、水源保护区三大要素作为城市刚性生态保护要素。

都市发展区涉及保护的水体包括27个水系，约98个湖泊水体，10条主要河流，占地总面积约602km²，约占都市发展区总面积的18.5%。

涉及保护的山体占地总面积约170km²，约占都市发展区总面积的5%。

河流型和湖泊（水库）型集中式饮用水水源保护区总占地面积约51.4km²，约占都市发展区总面积的2%。

由此，水体、山体、水源保护区等总面积约843km²，约占都市发展区总面积的26%。

3. 生态用地总量的确定

由北京大学、武汉大学、武汉市环境保护科学研究院、中国城市规划设计研究院等多家知名研究机构对于武汉生态足迹、生态用地总量与建设用地总量比例关系进行研究。

专家研究结论表明，基于武汉市生态足迹、生态承载力的定量研究，目前武汉的生态环境处于负债运营，并且生态赤字在不断加大，本阶段必须有效控制生态保护区域面积，增加武汉生态承载力。

同时，专家们采用逾渗理论、概算法、碳氧平衡法、建设用地需求量法等理论与方法，确定武汉市域生态用地总规模应达到市域总面积的83%，都市发展区生态用地总规模应达到都市发展区总面积的66%，这一数值与深圳市相当。

4. 城市基本生态控制区的确定

对国内外城市基本生态控制区的划定要素进行比较研究，确定将都市发展区水体、山体、河流型和湖泊（水库）型集中式饮用水水源保护区、山体水体保护区、自然保护区、风景区、森林公园、林地、集中成片的基本农田、其他必须控制的绿楔核心区，以及重大市政设施防护隔离带、重要高/快速路、铁路防护绿带等12类要素作为生态底线区（禁建区）的划定要素。

此外，依据GIS用地适应性评价与城市风道、热岛效应等研究，结合生态廊道宽度、郊野公园规模效应等量化研究，确定6大生态绿楔核心区规模范围。

采取分层划线的方式划定都市发展区的城市增长边界和生态底线。

城市增长边界内范围面积约1435km²，是"大发展"区域。

城市增长边界外范围面积约1826km²，是"大生态"保护区域。其中，生态底线区（禁建区）用地面积为1656km²，占都市发展区总面积的51%。包括水体保护面积622km²，山体保护面积170km²，水源保护区面积51km²，山体水体保护面积429km²，其他自然保护区、风景区、森林公园、林地等要素保护面积384km²。生态底线与城市增长边界之间的区域为生态发展区（限建区），用地面积267km²，是农民生态型社区、生态旅游项目建设与都市农业、绿色服务业发展区（图6-2）。

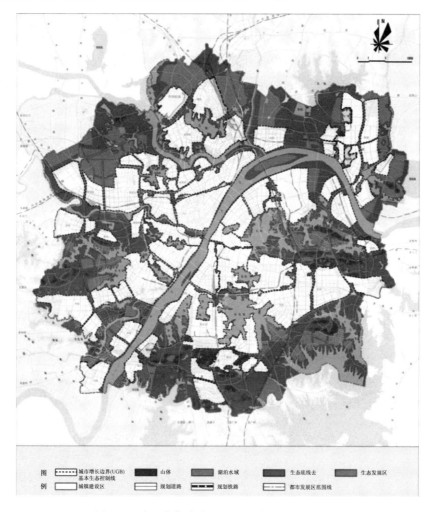

图6-2 武汉市都市发展区"两线三区"规划图

来源：武汉市规划研究院，2013a。

6.1.2 研究数据来源及数据预处理

6.1.2.1 研究区域

武汉市基本生态控制区是位于3274km²都市发展区（城市规划区）内、城市建设用地以外的区域（图6-3）；由于主城区范围内的生态控制区在功能上主要以水体及城市公园为主，与主城以外以生态绿楔功能为主的生态控制区的景观特征及保护性利用方式存在较大不同，故本书研究的基本生态控制区对象主要限定为都市发展区以内，主城区以外的城市基本生态控制，面积1651.25km²（图6-4）。

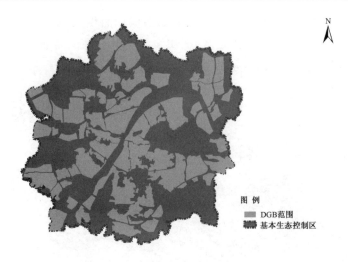

图 6-3　武汉市基本生态控制区范围图

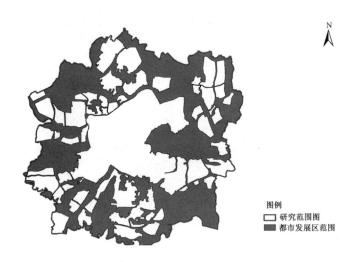

图 6-4　本书中城市基本生态控制区研究范围图

6.1.2.2　数据来源及处理

2010 年，武汉城市总体规划获得国务院批准，其确定的城市生态框架基本处于城市基本生态控制区范围内，本次生态资源评价将选取审批前 2009 年的数据与 2012 年的数据对比，探讨即使在将生态用地法定化后的土地利用变化、景观格局及生态服务价值的变化情况。

数据来源为武汉市辖区范围内 2009 年、2012 年 2 个时段的土地利用现状图（土地利用规划统计口径）、行政区划（区、乡镇、村）界限图、1:2.5 万地形图、《武汉城市总体规划（2010—2020）》、《武汉市抗震防灾规划（2010—2020）》、武汉市规划管理信息平台数据，以及相关的社会经济统计资料。数据均来源于武汉市国土资源规划局、武汉市规划研究院。

为了将各种栅格、矢量数据格式统一，研究搭建了 GIS 工作平台，将以上所获取的所有栅格图纸矢量化，然后将所有基础图纸在 ArcGIS 软件中进行同坐标的数据配准及标准化处理，作为本书研究分析的基础。

6.1.2.3 研究尺度

由于本书的研究框架和技术路径涉及多个研究尺度，生态资源现状评估、保护与利用评估、保护性利用规划等均在多个时间和空间尺度交互，如图6-5。

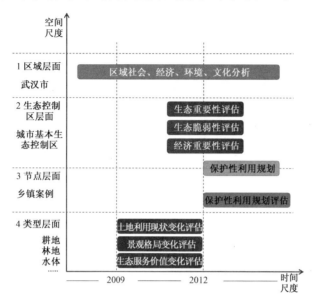

图6-5 研究尺度图

从城市基本生态控制区技术路径的3个步骤来看，生态资源评价中的土地利用现状变化评估、景观格局变化评估、生态系统服务价值变化评估基于土地利用类型层面，在2009年、2012年2个时间尺度展开；保护与利用评价中的生态重要性评估、生态脆弱性评估、经济重要性评估均在基本生态控制区层面展开，以2012年的时间尺度进行评价；保护性利用规划及保护性利用规划评估则在生态控制区和节点两个层面展开，以2012年及规划期限作为时间尺度进行评价；案例研究的区域社会、经济、环境、文化分析则是在武汉市城市层面进行分析。

6.2 武汉市城市基本生态控制区生态资源评价

6.2.1 现状土地利用评估

6.2.1.1 土地利用现状

根据2012年武汉市土地利用现状调查数据，武汉市城市基本生态控制区土地利用现状以水域及水利设施用地、耕地、城镇及工矿用地、林地为主，4类用地占到总用地的95%。其中，水域及水利设施用地面积最大，达766.94km²，占总用地面积的46%，湖泊水面面积275.98km²，占总用地面积的16.71%；耕地面积479.25km²，占总用地的29.02%；城镇及工矿用地（含风景名胜及特殊用地）面积 186.55km²，占总用地的 11.30%；林地面积 142.63km²，占总用地的 8.64%（图 6-6）。各类用地详细面积见表 6-1。

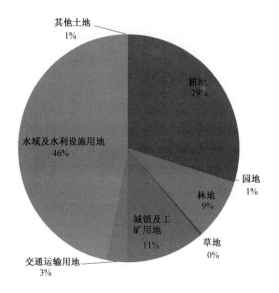

图 6-6　武汉市城市基本生态控制区 2012 年土地利用构成图

武汉城市基本生态控制区 2009—2012 年土地利用现状汇总表　　　　表 6-1

地　类		地类编码	2009 年		2012 年		2009～2012 变化	
			面积（km²）	比例（%）	面积（km²）	比例（%）	面积（km²）	变化率（%）
耕地	水田	011	239.24	14.49	226.96	13.74	−12.28	−5.13
	水浇地	012	136.48	8.27	131.97	7.99	−4.51	−3.30
	旱地	013	128.50	7.78	120.32	7.29	−8.18	−6.37
	小计		504.22	30.54	479.25	29.02	−24.97	−4.95
园地	果园	021	11.07	0.67	10.67	0.65	−0.40	−3.61
	茶园	022	1.94	0.12	1.84	0.11	−0.10	−5.15
	其他园地	023	0.40	0.02	0.34	0.02	−0.06	−15.00
	小计		13.41	0.81	12.85	0.78	−0.56	−4.18
林地	有林地	031	87.14	5.28	85.19	5.16	−1.95	−2.24
	灌木林地	032	1.86	0.11	1.82	0.11	−0.04	−2.15
	其他林地	033	56.68	3.43	55.62	3.37	−1.06	−1.87
	小计		145.68	8.82	142.63	8.64	−3.05	−2.09
草地	天然牧草地	041	0.01	0.00	0.01	0.00	0.00	0.00
	人工牧草地	042	0.00	0.00	0.00	0.00	0.00	0.00
	其他草地	043	6.11	0.37	5.96	0.36	−0.15	−2.45
	小计		6.12	0.37	5.97	0.36	−0.15	−2.45

地　类		地类编码	2009 年		2012 年		2009～2012 变化	
			面积（km²）	比例（%）	面积（km²）	比例（%）	面积（km²）	变化率（%）
城镇及工矿用地	城市	201	16.09	0.97	19.75	1.20	3.66	22.75
	建制镇	202	32.39	1.96	47.18	2.86	14.79	45.66
	村庄	203	88.57	5.36	91.35	5.53	2.78	3.14
	采矿用地	204	15.12	0.92	15.10	0.91	-0.02	-0.13
	风景名胜及特殊用地	205	12.06	0.73	13.17	0.80	1.11	9.20
	小计		164.24	9.95	186.55	11.30	22.31	13.58
交通运输用地	铁路用地	101	8.24	0.50	10.24	0.62	2.00	24.27
	公路用地	102	28.37	1.72	35.32	2.14	6.95	24.50
	街巷用地	103	0.00	0.00	0	0.00	0.00	0
	农村道路	104	1.19	0.07	1.65	0.10	0.46	38.66
	机场用地	105	0.18	0.01	0.63	0.04	0.45	250.00
	港口码头用地	106	0.80	0.05	0.77	0.05	-0.03	-3.75
	管道运输用地	107	0.00	0.00	0.02	0.00	0.02	
	小计		38.78	2.35	48.63	2.94	9.85	25.4
水域及水利设施用地	河流水面	111	108.20	6.55	108.76	6.59	0.56	0.52
	湖泊水面	112	275.58	16.69	275.98	16.71	0.40	0.15
	水库水面	113	3.74	0.23	3.61	0.22	-0.13	-3.48
	坑塘水面	114	288.76	17.49	283.38	17.16	-5.38	-1.86
	沿海滩涂	115	0.00	0.00	0.00	0.00	0.00	0
	内陆滩涂	116	49.65	3.01	49.06	2.97	-0.59	-1.19
	沟渠	117	19.09	1.16	19.03	1.15	-0.06	-0.31
	水工建筑用地	118	26.24	1.59	27.11	1.64	0.87	3.32
	冰川及永久积雪	119	0.00	0.00	0.00	0.00	0.00	0
	小计		771.26	46.71	766.94	46.45	-4.32	-0.56
其他土地	空闲地		0.00	0.00	0.00	0.00	0.00	0
	设施农用地	122	6.00	0.36	6.86	0.42	0.86	14.33
	田坎		0.00	0.00	0.00	0.00	0.00	0
	盐碱地		0.00	0.00	0.00	0.00	0.00	0
	沼泽地	125	0.00	0.00	0.00	0.00	0.00	0
	沙地	126	0.01	0.00	0.01	0.00	0.00	0.00
	裸地	127	1.53	0.09	1.58	0.10	0.05	3.27
	小计		7.54	0.46	8.44	0.51	0.90	11.94
			1651.25	100.00	1651.25	1.00	0	

6.2.1.2 土地利用变化评估

从武汉市2009～2012年土地利用变化数据可以看出（图6-7～图6-10），4年间，武汉市耕地、园地、林地、草地、水域及水利设施面积持续减少，而城镇及工矿用地、交通运输用地、其他土地用地面积持续增加。其中，绝对面积减少最多的是耕地，从2009年的504.22km² 减少至2012年的479.25km²，净减少面积24.97km²，4年间减少了4.95%；其次是水域及水利设施用地，从2009年的771.26km²，减少到2012年的766.94km²，净减少面积4.32km²，4年间减少0.56%，尤其随着武汉市对蓝线保护地强化，对河流水面和湖泊水面进行严格保护，面积不但没有减少，反而分别增加0.56km²和0.4km²，而未受到蓝线保护的坑塘水面则减少较多，由2009年的288.76km²减少到2012年的283.38km²，减少5.38km²。4年间，绝对面积增幅最大的是城镇及工矿用地，从2009年的164.24km²增长到2012年的186.55km²，净增22.31km²，增幅达13.58%，其中，建制镇增幅最大，面积增加14.79km²，增幅达45.66%。

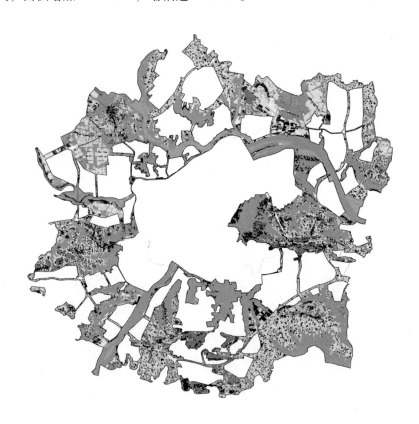

图6-7 武汉市基本生态控制区2009年土地利用现状图

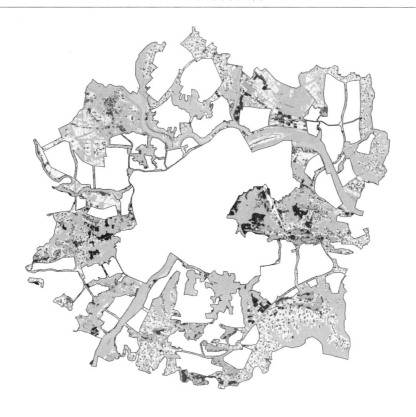

图 6-8 武汉市基本生态控制区 2012 年土地利用现状图

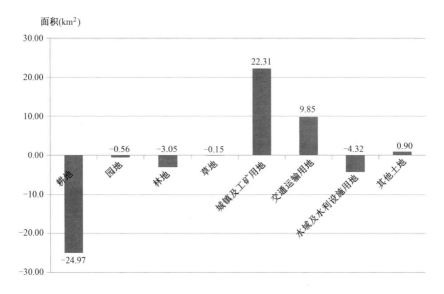

图 6-9 武汉市基本生态控制区 2009—2012 年各类用地绝对面积变化图

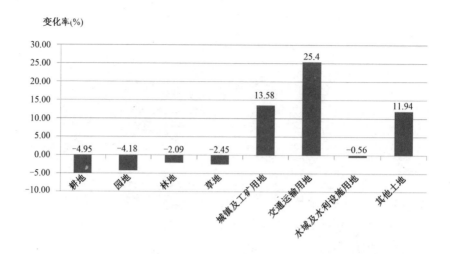

图6-10　武汉市基本生态控制区2009—2012年各类用地变化率分布图

6.2.1.3　土地利用特征

土地利用现状具有如下特征：

（1）水体资源分布较多，水体面积766.94km²，占总用地的46.45%，主要以长江、汉江、东湖、汤逊湖、南湖、严东湖、严西湖等大型江、湖为主。

（2）现状耕地面积比重较大，但基本农田保护面积小。根据武汉2012年土地利用调查数据显示，城市基本生态控制区内耕地面积为479.25km²，占区域面积的29.02%，而武汉市土地利用总体规划（2006~2020年）划定的基本农田保护面积为284.68km²，占总用地的17.23%。

（3）人工建设用地布局分散。研究范围区内现状城镇及工矿用地为186.55km²，占区域面积的11.3%。农村居民点零散布局，仅村庄类图斑（代码：203）就有5998个，面积为91.35km²；建制镇图斑有1862个，面积为47.18km²。城镇及工矿用地多沿交通干道布置，且存在部分围湖建设情况，具体分布见图6-8。

（4）区内生态用地存在被侵占现象。区域内生态环境基础较好，市域内众多的湖泊和山峦孕育了多样的生态系统和丰富的物种，生态系统类型比较齐全，有湿地生态系统、湖泊生态系统、森林生态系统、河流生态系统、草地生态系统、城市绿地生态系统等。然而，对比2009年及2012年的土地利用现状图，围湖建设情况仍逐年增多，城市生态资源被侵占现象时有发生。

6.2.2　现状景观格局评估

6.2.2.1　数据准备及栅格尺度的确定

土地利用/覆被变化主要表现数量特征，采用景观生态学方法对研究区域景观格局在较长时间尺度上进行连续时相分析，可对区域景观格局的演变趋势予以较好判读。

在ArcGIS软件环境中，将武汉市城市基本生态控制区2009年、2012年2个时期的土地利用解译数据导入 Fragstats 软件中。基于景观格局的斑块—廊道—基质的空间单元模式，可大致将斑块类型分为耕地斑块、园地及林地斑块、水域和湿地斑块、裸地斑块、城镇/乡村建设用地斑块 5 种类型，故建议将土地利用分类数据重新归并，如将园地、林地、草地合并为园地及林地斑块，见表6-2。

土地利用类型与景观斑块对应表　　表6-2

斑块类别	1 耕地斑块	2 园地及林地斑块		3 水域和湿地斑块		4 裸地斑块	5 城镇/乡村建设用地斑块
全国土地利用分类标准（新12类）	01 耕地	02 园地 03 林地	04 草地	115 沿海滩涂 116 内陆滩涂 125 沼泽地	111 河流水面 112 湖泊水面 113 水库水面 114 坑塘水面 117 沟渠	119 冰川及永久积雪 12 其他土地 （除 122 设施农用地 125 沼泽地）	05 商服用地 06 工矿仓储用地 07 住宅用地 08 公共管理与公共服务用地 09 特殊用地 10 交通运输用地 118 水工建筑用地 122 设施农用地

在 ArcGIS 中，将各类用地整合成以上 5 种斑块类型后，将各时相土地利用矢量数据转换为一定像元大小的栅格数据，栅格数据像元大小与研究区域空间尺度相关，本研究采用的像元大小为 $100m \times 100m$，即每个栅格单元的面积为 $1hm^2$。再根据 5 种斑块类型将栅格数据重分类，将重分类后的栅格图像导入到 Frastats 软件中进行景观格局指数运算。

6.2.2.2 评估结果

1. 数量/面积

根据表6-3，从 2009～2012 年，在斑块数量上，在类型水平上，除耕地斑块及裸地斑块数量增多外，其他斑块数量均减少；在景观水平上，武汉市城市基本生态控制区总体斑块个数减少。在斑块比例上，除城镇/乡村建设用地斑块比例增多外，其他斑块比例均减少，说明城镇/乡村建设用地增多，其他类型用地均减少，结合斑块数量指数，表明建设用地呈现斑块扩大且连绵的态势，耕地及裸地斑块更加破碎。

武汉市基本生态控制区2009、2012 年斑块数及斑块比例指数一览表　　表6-3

类　　　型		斑块数量 NP（个）		斑块比例 PLAND（%）	
		2009 年	2012 年	2009 年	2012 年
类型水平	1 耕地斑块	1765	1778	30.2375	29.1199
	2 园地及林地斑块	1870	1814	9.8452	9.7408
	3 水域和湿地斑块	3045	3034	45.4325	44.7531
	4 裸地斑块	43	46	0.094	0.0933
	5 城镇/乡村建设用地斑块	3441	3419	14.3908	16.293
景观水平		10164	10091	—	—

2. 形状

根据表6-4，2009～2012年，边界密度在景观水平上呈现减少的趋势，但从类型水平上看，城镇/乡村建设用地斑块、裸地斑块边界密度增加，其他均减少，且以耕地的边界密度减少最多。景观形状指数在景观水平上减少，但在类型水平上，除园地及林地斑块、裸地斑块、城镇/乡村建设用地斑块增加外，其他用地均减少。

武汉市基本生态控制区2009年、2012年景观形状指数及边界密度指数一览表　表6-4

类　　型		景观形状指数 LSI		边界密度 ED	
		2009 年	2012 年	2009 年	2012 年
类型水平	1 耕地斑块	72.8206	72.0068	36.3	35.248
	2 园地及林地斑块	51.1765	51.5827	14.7636	14.7353
	3 水域和湿地斑块	52.8278	52.3199	30.8666	30.4382
	4 裸地斑块	7.44	7.96	0.2154	0.2248
	5 城镇/乡村建设用地斑块	73.6201	74.1951	24.6632	26.1046
景观水平		66.0179	66.0018	53.4044	53.3755

3. 优势度

根据表6-5，武汉市城市基本生态控制区中，最大斑块指数最大的是水域和湿地斑块，其次是耕地斑块，其他均较小，说明武汉市城市基本生态控制区占主导地位的斑块为水域和湿地斑块；城镇/乡村建设用地斑的最大斑块指数增长较快，说明城市建设用地增长较快。

武汉市基本生态控制区2009年、2012年最大斑块指数及平均斑块面积指数一览表

表6-5

类　　型		最大斑块指数 LPI		平均斑块面积指数 AREA_MN	
		2009 年	2012 年	2009 年	2012 年
类型水平	1 耕地斑块	4.1324	4.2215	28.0748	27.0332
	2 园地及林地斑块	0.5077	0.5131	8.6278	8.8633
	3 水域和湿地斑块	14.522	13.3995	24.4509	24.3471
	4 裸地斑块	0.0128	0.0103	3.5814	3.3478
	5 城镇/乡村建设用地斑块	0.5632	1.3801	6.8535	7.8658
景观水平		14.522	13.3995	16.1232	16.3571

从平均斑块面积指数来看，耕地平均斑块面积指数最大，说明其平均斑块面积较其他斑块大，水域和湿地斑块次之；从景观水平上看，平均斑块面积指数增大，说明整体破碎化程度有所转好。

4. 结构

根据表6-6，从2009～2012年，武汉市城市基本生态控制区蔓延度指数、景观连通度

指数减少，散布与并列指数增加，说明斑块异质性增加，景观连通性降低。

武汉市基本生态控制区2009年、2012年蔓延度指数、散布与并列指数及景观连通度指数一览表

表6-6

类　型		蔓延度指数 CONTAG		散布与并列指数 IJI		景观连通度指数 COHESION	
		2009 年	2012 年	2009 年	2012 年	2009 年	2012 年
类型水平	1 耕地斑块	—	—	—	—	96.1456	96.2092
	2 园地及林地斑块	—	—	—	—	86.8641	86.2965
	3 水域和湿地斑块	—	—	—	—	98.4858	98.4113
	4 裸地斑块	—	—	—	—	57.2103	55.466
	5 城镇/乡村建设用地斑块	—	—	—	—	83.786	87.8501
景观水平		35.5323	34.9736	72.4128	72.9701	96.5986	96.5234

5. 多样性

根据表6-7，2009~2012年，武汉市城市基本生态控制区香农多样性指数 SHDI 减少，说明各斑块破碎度有所好转。

武汉市基本生态控制区2009年、2012年香农多样性指数一览表　　　表6-7

类　　型	香农多样性指数/SHDI	
	2009 年	2012 年
景观水平	1.2339	1.2481

6.2.2.3 景观指数变化特征

从武汉市城市基本生态控制区景观格局变化的过程来看，在2009~2012年，4年间，园地和林地斑块、水域和湿地斑块波动不大，耕地、裸地、城镇/乡村建设用地变化较为明显，说明从2009年，武汉市划定并实施城市基本生态控制区以来，对大型湖泊、水域等刚性要素的保护起到了较好作用；但大型斑块优势度下降，城市建设活动频繁，城市空间扩张迅猛，且城市建设用地是通过侵蚀耕地的途径进行扩张；裸地作为土地变化过程的短暂状态，其利用状况变化剧烈。

总的来说，4年来，武汉市城市基本生态控制区景观格局变化不大，斑块个数略微减小，平均斑块面积微量增加，蔓延度指数降低，景观连通度降低，说明武汉市城市基本生态控制区划定后，虽然注重对核心生态要素的保护，但是对生态系统自身的结构和功能关注不够，导致生态系统能提供的服务降低；耕地在未来城市空间变化中的优势度面临急剧下降的可能，且对以侵蚀为主的面积缩小的结果较为敏感。故在未来的城市基本生态控制区保护过程中，应继续保持对水域、园林地的保护，但是同时应重点关注耕地的面积缩小状况，尤其应关注并提升城市基本生态控制区内部景观功能和结构的优化。

6.2.3 现状生态系统服务的价值评估

6.2.3.1 数据准备

研究区域土地利用变化基础资料为武汉市 2009 年、2012 年土地利用变更调查数据。根据最新国标《土地利用现状分类》（GB/T 21010—2007），土地利用现状图中各类用地共分为 12 个一级类，57 个二级类，为了便于对基于土地利用变化的生态系统服务的价值分析，根据武汉市土地利用现状和土地资源自身特点，将其与生态系统的农田、林地、草地、水域、湿地、荒漠 6 大分类进行对应，其中农田面积除了土地利用一级分类中的耕地外，还将一级分类水域及水利设施用地中的 114 坑塘水面、117 沟渠纳入该类别；森林为土地利用现状一级分类中的 02 园地、03 林地，与传统意义的森林有一定差别；湿地面积是土地利用二级分类中的 115 沿海滩涂、116 内陆滩涂、125 沼泽地的总和，比一般意义的湿地范围要窄；湖泊/河流主要是比较大型的 111 河流水面、112 湖泊水面、113 水库水面（表6-8）。

土地利用分类与生态系统评价对应表　　表6-8

标准	农田	森林	草地	湿地	湖泊/河流	荒漠	城市
新12类	01 耕地 114 坑塘水面 117 沟渠	02 园地 03 林地	04 草地	115 沿海滩涂 116 内陆滩涂 125 沼泽地	111 河流水面 112 湖泊水面 113 水库水面	119 冰川及永久积雪 12 其他土地（除 122 设施农用地 125 沼泽地）	05 商服用地 06 工矿仓储用地 07 住宅用地 08 公共管理与公共服务用地 09 特殊用地 10 交通运输用地 118 水工建筑用地 122 设施农用地
生态系统服务价值	2	3	2	5	4	1	1

应用 ArcGIS 软件进行数据处理与统计分析后得到（表6-9），武汉市土地利用构成以农田、森林（园地及林地）、水体、城镇/乡村建设用地为主，4 类用地占到武汉市国土面积的 96.58%（2012 年），其中耕地所占比例最多，占接近总用地的一半，水体用地次之，约占总用地的 23%，此外，城建用地占总用地的 16.30%。

武汉市基本生态控制区 2009～2012 年土地利用变化一览表（生态价值统计口径）

表6-9

类　型		农田（耕地）	森林（园地、林地）	草地	湿地	水体	荒漠（未利用地）	城建用地（含乡村建设用地）
面积（hm²）	2009 年	81207	15909	612	4965	38752	154	23526
	2012 年	78166	15547	597	4906	38836	158	26915

类 型		农田 （耕地）	森林 （园地、林地）	草地	湿地	水体	荒漠 （未利用地）	城建用地 （含乡村建设用地）
比例 （%）	2009 年	49.18	9.64	0.37	3.00	23.47	0.09	14.25
	2012 年	47.34	9.42	0.36	2.97	23.52	0.09	16.30
2009 ~ 2012 年	变化面积 （hm²）	-3041	-362	-15	-59	84	4	3389
	变化率（%）	-3.74	-2.28	-3.02	-1.19	0.22	2.60	14.40

根据表 6-9，从武汉市 2009 ~ 2012 年土地利用变化结果可以看出，4 年间，武汉市农田（耕地）、森林、草地、湿地面积持续减少，而城镇/乡村建设用地面积持续增加。其中，绝对面积减少最多的是耕地，从 2009 年的 81207hm² 减少至 2012 年的 78166hm²，净减少面积 3041hm²，4 年间减少了 3.74%；其次是森林（园地及林地），从 2009 年的 15909hm²，减少到 2012 年的 15547hm²，净减少面积 362hm²，4 年间减少 2.28%；水体保护情况较好，4 年间水体增加面积 84hm²，增加 0.22%；湿地减少 59hm²，减少 1.19%；增幅最大的是城镇/乡村建设用地，从 2009 年的 23526hm² 增长到 2012 年的 26915hm²，净增加 3389hm²，增幅达 14.40%。

4 年间，城建用地、农田、草地用地变化最为剧烈。从变化率来看，城建用地变化率最高，2009 ~ 2012 年增加 14.40%；农田其次，减少 3.74%；草地再次，减少 3.02%，但由于草地绝对面积小，对总用地变化影响不大。

6.2.3.2 评估结果

1. 生态系统服务价值总体评估结果

武汉市生态系统服务价值见表 6-10 所列，2009 年，武汉市生态系统服务价值为 45.85 亿元，由于农田、森林、草地、湿地、水体等面积持续减少，生态系统服务价值持续减少，到 2012 年，减少到 45.41 亿元，共减少了 0.44 亿元。

从表 6-9、表 6-10 可以看出，水体占总用地的 23.52%，但是由于水体生态系统服务价值系数较高，生态系统服务价值贡献率达到 59.95%（2012 年），以约 1/4 的用地面积贡献了过一半的生态系统服务价值。湿地虽然只占总用地的 2.97%，但是贡献了 10.35% 的生态系统服务价值。耕地虽然约占到总用地的一半，但是由于生态系统服务价值系数较低，生态系统服务价值贡献率只占总价值的 1/5；森林（林地和园地）占总用地的 9.42%，生态系统服务价值贡献率为 11.41%。所以在城镇化过程中，作为"百湖之市"的武汉要切实保护好水体及湿地资源，它们将是提供武汉市生态系统服务的价值的关键所在。

武汉市基本生态控制区 2009 ~ 2012 年生态系统价值及其变化一览表　　表 6-10

类 型		农田	森林	草地	湿地	水体	荒漠	合计
价值 （亿元）	2009 年	8.56	5.30	0.07	4.75	27.17	0.001	45.851
	2012 年	8.24	5.18	0.07	4.69	27.23	0.001	45.411

类　　型		农田	森林	草地	湿地	水体	荒漠	合计
比例（%）	2009 年	18.67	11.56	0.15	10.36	59.26	0.00	100
	2012 年	18.14	11.41	0.15	10.35	59.95	0.00	100
2009~2012 年	变化价值（亿元）	-0.32	-0.12	0	-0.06	0.06	0	-0.44
	变化率（%）	-3.74	-2.26	0.00	-1.26	0.22	0.00	-0.96

2. 生态系统服务的单项价值评估结果

2012 年，武汉市生态系统服务的总价值为 45.41 亿元（表 6-11），按生态系统服务类型分解，其中气体调节价值 1.57 亿元，占 3.43%；气候调节价值 3.26 亿元，占 7.18%；水源涵养价值 14.71 亿元，占 32.39%；土壤形成与保护价值 2.82 亿元，占 6.18%；废物处理价值 14.41 亿元，占 31.70%；生物多样性保护价值 3.29 亿元，占 7.29%；食物生产价值 1.30 亿元，占 2.84%；原材料生产价值 1.70 亿元，占 2.72%；娱乐文化价值 3.30 亿元，占 7.29%。

武汉市基本生态控制区 2009~2012 年生态系统服务类型价值一览表（价值：亿元；比例:%）

表 6-11

类　　别		2009 年		2012 年		价值变化	
		价值（亿元）	比例（%）	价值（亿元）	比例（%）	价值（亿元）	比例（%）
调节服务	气体调节	1.61	3.51	1.57	3.43	-0.04	-2.48
	气候调节	3.33	7.26	3.26	7.18	-0.07	-2.10
支持服务	水源涵养	14.75	32.17	14.71	32.39	-0.04	-0.27
	土壤形成与保护	2.90	6.32	2.82	6.18	-0.08	-2.76
	废物处理	14.49	31.60	14.41	31.70	-0.08	-0.55
	生物多样性保护	3.34	7.29	3.29	7.29	-0.05	-1.50
供给服务	食物生产	1.35	2.95	1.30	2.86	-0.05	-3.70
	原材料	0.77	1.68	0.75	1.70	-0.02	-2.60
文化服务	娱乐文化	3.31	7.22	3.30	7.27	-0.01	-0.30
总价值		45.85	100	45.41	100	-0.44	-0.96

总体看来，支持服务价值最高，达 35.23 亿元，占总价值的 77.58%；调节服务其次，达 4.83 亿元，占总价值的 10.64%；供给服务及文化服务相当，分别为 2.05 亿元和 3.30 亿元，占总价值的 4%~6% 左右。在单项生态服务类型中，武汉市水源涵养及废物处理提供的生态价值最多，两者占到了总价值的 64.13%。

从 2009~2012 年历年变化情况来看，4 大类 9 中类生态系统服务单项价值均呈现递减的态势，减少绝对量最多的为土壤形成与保护和废物处理，为0.08亿元，其次为气候调节，为0.07亿元；减少速度最快的为食物生产，减少率为3.70%，其次为土壤形成与保护，减少率为2.76%。

3. 敏感度分析

根据式（5-13），将各土地利用类型的生态价值系数向上调整了50%，向下调整了30%，分别计算出2009年及2012年各种土地利用类型的敏感性指数（表6-12）。分析表明，各种情况下，敏感性指数都小于1，各年份之间差别不大，且调整幅度越小，敏感性指数越小。其中，水体的敏感性指数最高，为0.35~0.60，耕地敏感性指数次之，其他土地利用类型均较小，在0.12以下，最低值为0。结果表明，研究区域总的生态系统服务的价值缺乏弹性，相对于价值系数来说相对稳定。因此，本书所选用的价值系数是适合的。

调整价值系数后总生态系统服务价值的变化及敏感性指数　　表6-12

价值系数	生态系统服务价值（亿元）		变化情况		敏感性指数	
	2009年	2012年	变化量（亿元）	变化百分率（%）	2009年	2012年
农田+50%	12.84	12.355	-0.485	-3.78	0.19	0.18
农田-30%	5.992	5.766	-0.226	-3.77	0.11	0.11
森林+50%	7.95	7.771	-0.179	-2.25	0.12	0.11
森林-30%	3.71	3.626	-0.084	-2.26	0.07	0.07
草地+50%	0.105	0.099	-0.006	-5.71	0.00	0.00
草地-30%	0.049	0.046	-0.003	-6.12	0.00	0.00
湿地+50%	7.125	7.038	-0.087	-1.22	0.10	0.10
湿地-30%	3.325	3.284	-0.041	-1.23	0.06	0.06
水体+50%	40.755	40.840	0.085	-0.21	0.59	0.60
水体-30%	19.019	19.059	0.040	-0.21	0.35	0.36
荒漠+50%	0.0015	0.0015	0.00	0.00	0.00	0.00
荒漠-30%	0.0007	0.0007	0.00	0.00	0.00	0.00

6.2.3.3 总体特征

2009~2012年，武汉市基本生态控制区生态系统服务价值持续降低，且调节、支持、供给、文化4大服务功能及9中类生态系统服务单项价值均呈现递减的态势，说明虽然划定了城市基本生态控制区，但是如何切实进行保护，优化其结构，调整其构成，提升其生态系统服务价值仍然是当前的重要课题。此外，作为"百湖之市"的武汉，水域和湿地既是武汉市的城市特色所在，又是提供生态系统服务的价值的核心要素，因此，水域和湿地是武汉市城市基本生态控制区需要重点保护的区域。

6.3 武汉市城市基本生态控制区保护与利用评价

6.3.1 生态重要性评价

6.3.1.1 土地利用类型指标评价

将2012年武汉市城市基本生态控制区土地利用现状图中的土地利用分类按照生态系统服务的价值中的土地利用分类进行规整，以100m×100m为一个单位景观单元，将规整后的矢量图形在ArcGIS软件中栅格化，然后根据公式（5-14），利用ArcGIS软件计算出每个栅格的土地利用敏感性指数S_1，再根据表5-7的分类标准，将S_1分类，得到土地利用类型指数ES_1，结果见图6-11。

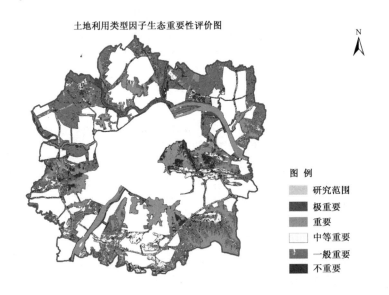

图6-11 武汉市城市基本生态控制区土地利用类型生态重要性分级评价结果

6.3.1.2 绝对保护区指标评价

根据武汉市各级保护区分布图、饮用水水源保护区分布图、紫线控制图、基本农田分布图，将研究范围内的矢量图形导入ArcGIS软件中，按照100m×100m的栅格化处理，并按照表6-13对各栅格单元进行赋值，最后利用ArcGIS软件的栅格计算功能，将各因子叠加，重分类后得到绝对保护区综合评估图，评估结果见图6-12。

研究范围内，各级保护区面积83.53km²，主要分布在主要湖泊周边的风景名胜区及湿地保护区；基本农田保护区198.58km²，主要分布在城市基本生态控制区西北及东南部的边缘地带；饮用水源保护区中，一级水源保护区面积3.08km²，主要分布在长江及汉江沿线，二级水源保护区2km²，主要分布在汉江沿线；文化遗产保护区面积23.34km²，呈散点式分布态势。各因子叠加，需绝对保护的区域总面积380km²。

武汉市基本生态控制区绝对保护区指标体系赋值表 表 6-13

指标类型	评 价 因 子	得分	权重
各级保护区	自然保护区	5	0.25
	森林公园、郊野公园	4	
	动植物园	4	
	风景名胜区	3	
饮用水水源保护区	一级水源保护区	5	0.25
	二级水源保护区	4	
	其他	0	
文化遗产保护区域	历史文化名镇名村、古文化遗址、历史建筑群紫线范围	5	0.25
	各级文保单位、历史建筑紫线范围	4	
	其他	0	
基本农田保护区	基本农田	5	0.25
	其他	0	

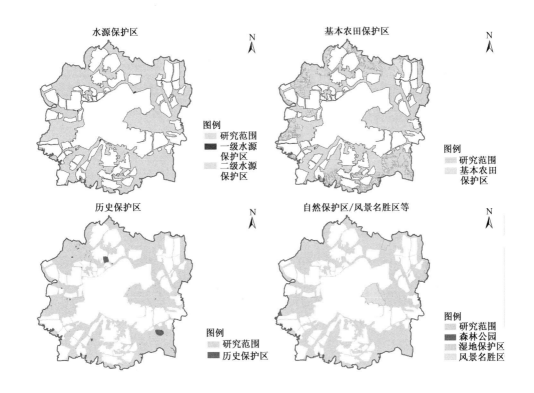

图 6-12 武汉市基本生态控制区绝对保护区指标评价结果图（一）

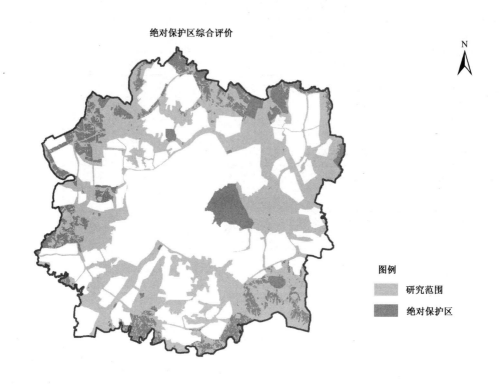

绝对保护区综合评价

图例

研究范围

绝对保护区

图 6-12　武汉市基本生态控制区绝对保护区指标评价结果图（二）

6.3.1.3　自然要素指标评价

江汉汇流、三镇鼎立、湖泊密布，是武汉城市格局之魂。大江穿城，龟蛇相望，武昌、汉口、汉阳三镇三城，大开大合的城市格局世界少有；166 个湖泊和东西向山系镶嵌城中，云水相依，湖山相映，铺染城市底色。独特的城市格局，是武汉个性魅力之所在。为保护武汉独特的山水自然资源，武汉市先后制定了《武汉市湖泊保护条例》，出台了《武汉市关于加强中心城区湖边、山边、江边建筑规划管理的若干规定》《武汉市保护城市自然山体湖泊办法》《武汉市湖泊整治管理办法》《武汉市湿地自然保护区条例》等系列政策法规，对以上资源进行保护。目前武汉市域有湖泊 166 个，山体 500 余座，均被列入《武汉市保护城市自然山体湖泊办法》中。

本书的水体、湿地要素直接由 2012 年武汉市土地利用现状图中的提取，其中水体主要提取面积较大的"111 河流水面"、"112 湖泊水面"、"113 水库水面" 3 类用地，湿地主要提取 "116 内陆滩涂"、"125 沼泽地" 两类用地；山体由于土地利用分类中无此类别，故从《武汉市保护城市自然山体湖泊办法》中所列名录里获取。评价结果见图 6-13，其中，水体面积 487.29km²，分布相对均匀；湿地面积 47.99km²，主要分布在长江、汉江沿线及部分大型湖泊周边；山体面积 108.63km²，主要分布在研究范围的东部和南部；合计需要保护的自然要素面积 616.61km²。

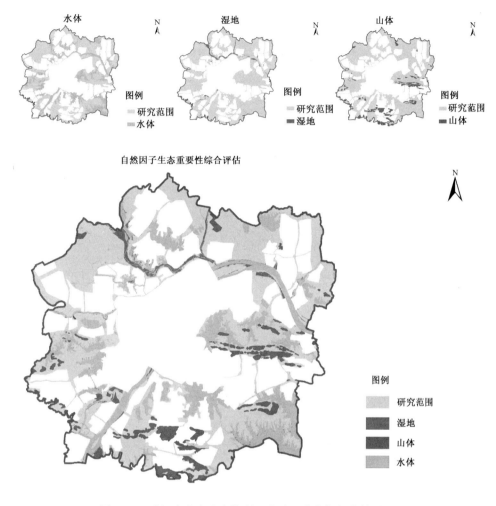

图6-13 武汉市基本生态控制区自然要素指标评价结果图

6.3.1.4 生态重要性综合评估

综合土地利用、绝对保护区、自然要素评估因子，得到生态重要性综合评估结果，见图6-14、表6-14。

武汉市基本生态控制区生态重要性综合评估结果一览表   表6-14

级　　别	类　　型	面积（km²）	比例（%）
5	极重要	906.30	54.91
4	重要	0.39	0.02
3	中等重要	108.11	6.55
2	一般重要	426.27	25.83
1	不重要	209.52	12.69

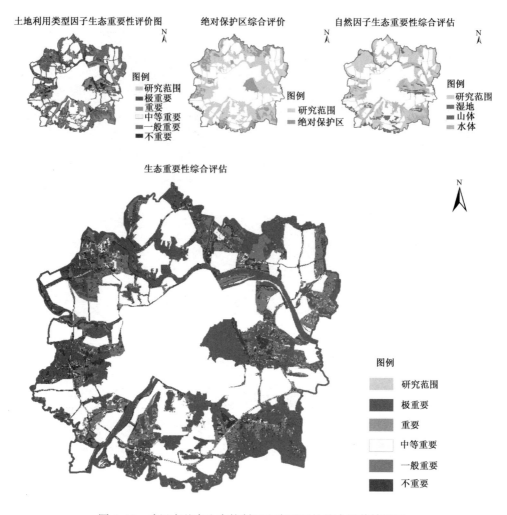

图 6-14　武汉市基本生态控制区生态重要性综合评估结果图

6.3.2　生态脆弱性评价

6.3.2.1　源斑块的确定

依据本书 5.2.2.3 中源斑块辨识流程，结合武汉市生境及物质资源状况的有关空间信息和统计信息，综合辨识武汉市源斑块空间分布。为方便景观安全格局的构建，对于相同或类似的生态功能的斑块类型，即进行适当合并，并允许源斑块内部有一定的异质性和不同类型植被、地形地貌的变化，因此将源斑块辨识结果分为陆生生境源斑块、水生/湿地生境源斑块两类。各类源斑块类型及特征见表 6-15 所列。

武汉市基本生态控制区源斑块类型及特征　　　　　　　　表 6-15

	主要景观要素	主要生态功能
陆生生境源斑块	山体、自然保护区、大型林地	陆生动物栖息地
水生/两栖生境型斑块	河流、湖泊、大型水库、湿地保护区、大型湿地	水生及两栖动物栖息地

源斑块的获取主要有 2 个层面：一是山体、自然保护区、湿地保护区、湖泊、河流等可从武汉市相关保护名录中获取；二是其他零散斑块，如林地、湿地、水库等，基于生境可利用性的观点，选取面积大于 2km² 的生态用地斑块（刘常富等，2010），从武汉市 2012 年土地利用现状图中提取，结果如图 6-15 所示。

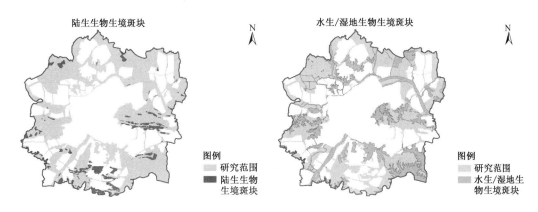

图 6-15 武汉市基本生态控制区源斑块提取结果图

6.3.2.2 阻力值计算

根据 5.2.2.4 中阻力值计算方法，首先根据表 6-16 进行个单因子赋值，得到各单因子的阻力分布图，见图 6-16；其中，土地覆盖类型数据来源于武汉市 2012 年土地利用现状图，为方便计算，将相同或类似的生态功能用地进行了规整，规整原则见表 6-17。最后，利用 ArcGIS 的栅格计算功能，将坡度、高程阻力值分别与陆生动物迁徙阻力值及水生/湿地动物迁徙阻力值叠加计算，再进行重分类后，分别得到图 6-17 陆生生物迁徙阻力图、图 6-18 水生/湿地生物迁徙阻力图，得到了源斑块迁徙的阻力图层。

武汉市基本生态控制区影响物种迁徙阻力值划分表　　　　表 6-16

因　　子	分项赋值						权重
坡度	坡度（°）	> 30	25 ~ 30	20 ~ 25	10 ~ 20	< 10	0.2
	阻力值	5	4	2	1		
高程	高程（m）	> 150	100 ~ 150	50 ~ 100	25 ~ 50	< 25	0.2
	阻力值	1	2	3	5	—	
土地覆盖类型	类型	林地	耕地	湿地	水域	人工建设用地	0.6
	陆生动物迁徙阻力	1	2	3	4	5	
	水生/湿地动物迁徙阻力值	3	4	2	1	5	

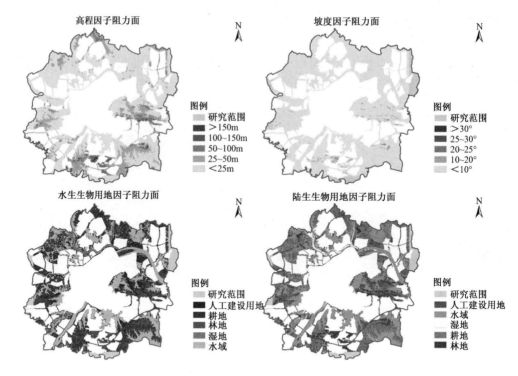

图 6-16　武汉市基本生态控制区各单因子阻力分布图

土地覆盖类型与全国土地利用分类标准的对应关系　　　　表 6-17

土地利用类型	林地	耕地	湿地	水域	人工建设用地
对应全国土地利用分类标准	02 园地 03 林地 04 草地	01 耕地	115 沿海滩涂 116 内陆滩涂 125 沼泽地	111 河流水面 112 湖泊水面 113 水库水面 114 坑塘水面 117 沟渠	119 冰川及永久积雪、12 其他土地（除 122 设施农用地、125 沼泽地）、05 商服用地、06 工矿仓储用地、07 住宅用地、08 公共管理与公共服务用地、09 特殊用地、10 交通运输用地、118 水工建筑用地、122 设施农用地

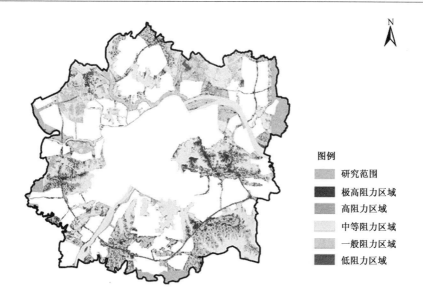

图6-17 武汉市基本生态控制区陆生生物迁徙阻力图

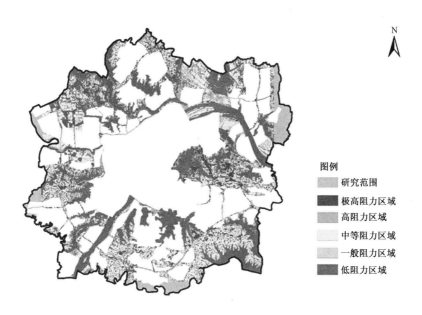

图6-18 武汉市基本生态控制区水生/湿地生物迁徙阻力图

6.3.2.3 生态脆弱性综合评价

利用ArcGIS的Spatial Analyst Tools/Distance/Cost Distance工具,分别计算得到陆生生物迁徙安全格局分布图及水生/湿地动物迁徙安全格局图,以陆生生物迁徙安全格局及水生/湿地动物迁徙安全格局为基础,利用ArcGIS的Spatial Analyst Tools/Local/Cell Statistics工具,求出单位景观单元的最大值,得到生态脆弱性综合评价分级图,结果见图6-19所示。

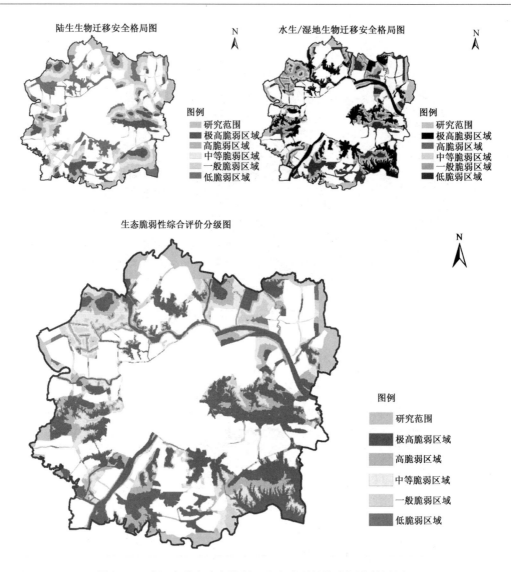

图 6-19　武汉市基本生态控制区生态脆弱性综合评价结果图

6.3.3　经济重要性评价

6.3.3.1　自然条件支撑力评价

根据表 5-10 构建的评价指标体系，对各评价因子的值进行细分，得到武汉市城市基本生态控制区自然条件支撑力评价指标体系，见表 6-18，评价结果见图 6-20。

其中，坡度分级赋值依据《城市用地竖向规划规范》（CJJ 83—99）（表 6-19）、《城市规划原理（第三版）》规定了城市各类用地建设的适宜坡度（表 6-20）等，进行坡度分类赋值及分级（表 6-21）。坡度、高程及坡向均从武汉市城市基本生态控制区地形图 1：2.5 万地形图中提取等高线，利用 ArcGIS 生成 TIN，然后进行 3D 分析得到；地质条件因子从《武汉市城市用地地震工程地质图》中提取。

自然条件支撑力评价指标及赋值　　　　表6-18

因　子	等　级	分　值	权　重
坡　度	0°~2°	5	0.25
	2°~5°	4	
	5°~10°	3	
	10°~25°	2	
	>25°	1	
坡　向	南坡	5	0.25
	东坡	4	
	西坡	2	
	北坡	1	
高　程	<20m	1	0.25
	20~25m	5	
	25~30m	3	
	30~50m	2	
	>50m	1	
地质条件	岩溶地面塌陷危险区	1	0.25
	滑坡灾害点、崩塌灾害点、地面塌陷灾害点	2	
	其他区域	5	

城市主要建设用地适宜规划坡度　　　　表6-19

用　地　名　称	最小坡度（%）	最大坡度（%）
工业用地	0.2	10
仓储用地	0.2	10
铁路用地	0	2
港口用地	0.2	5
城市道路用地	0.2	8
居住用地	0.2	25
公共设施用地	0.2	20
其他	—	—

来源：《城市用地竖向规划规范》（CJJ 83—99）。

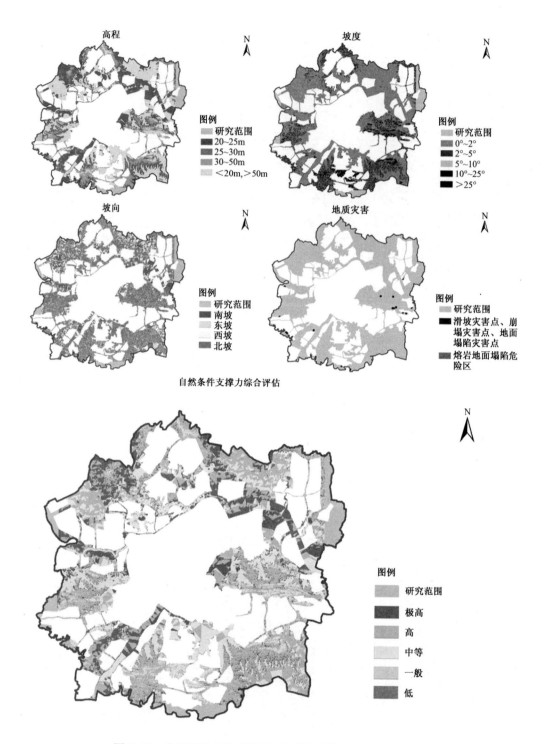

图 6-20　武汉市基本生态控制区自然条件支撑力评价结果图

《城市规划原理（第三版）》规定了城市各类用地建设的适宜坡度　　　表 6-20

项　目	坡　度	项　目	坡　度
工业建设	0.5% ~ 2%	铁路战场建设	0% ~ 0.25%
居住建筑建设	0.3% ~ 10%	对外主要公路建设	0.4% ~ 3%
城市主要道路建设	0.3% ~ 6%	机场用地建设	0.5% ~ 1%
次要道路建设	0.3% ~ 8%	绿地建设	可大可小

来源：李德华，2001。

坡度指标一览表　　　表 6-21

坡度（%）	土地类型	赋值	坡度（%）	土地类型	赋值
0 ~ 2	平地	5	10 ~ 25	中坡地	2
2 ~ 5	平坡地	4	> 25	陡坡地	1
5 ~ 10	缓坡地	3			

6.3.3.2　现状土地覆盖支持力

现状土地覆盖情况是决定经济发展潜力的重要方面之一，在评价过程中，在 ArcGIS 软件中，将矢量格式 2012 年武汉市基本生态控制区土地利用现状图按照表 6-22 进行归类并赋值，按照 100m × 100m 栅格化后，得到图 6-21 现状土地覆盖支持力评价结果图。

现状土地利用分类赋值一览表　　　表 6-22

分　类	城镇及工矿用地	耕地	园地/林地/草地	水域	其他
对应土地类型代码	05、06、07、08、09、10、20	01	02、03、04	11	12
得分	5	4	3	2	1

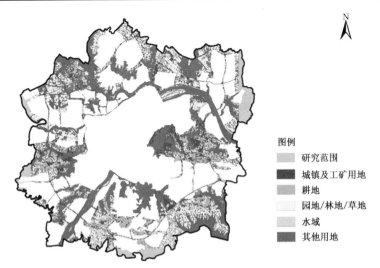

图例
- 研究范围
- 城镇及工矿用地
- 耕地
- 园地/林地/草地
- 水域
- 其他用地

图 6-21　武汉市基本生态控制区现状土地覆盖支持力评价结果图

6.3.3.3 上位规划促进力

主要从两个方面来评价：一是从规划引导上，上位规划确定为城市、镇、乡村建设用地的，一般其经济潜力较大；二是从规划限制上，由于武汉市紧邻长江的特殊的地理区位，城市防洪安全对武汉市的发展至关重要，因此，引入城市防洪因子，在防洪规划中作为分蓄洪区的区域其经济发展潜力将大大降低。

在本书中，规划土地利用类型数据的获取主要来源于《武汉市都市发展区规划管理一张图（1∶2000）》；城市防洪数据来源于《武汉市防洪专项规划》，根据该规划，武汉市的防洪标准按照武汉关水位29.73m（吴淞）确定，分为自然高地、保护圈、分蓄洪区和一般保护区4部分，其中分蓄洪区共5个，分别为：①武湖分蓄洪区，由沿江堤、滠水堤和北侧与东侧的自然高地围合而成，面积332km²。②涨渡湖分蓄洪区，由沿江堤、举水堤、倒水堤和北侧与西南角的自然高地围合而成，面积337km²。③东西湖分蓄洪区，由张公堤、汉水堤、府河堤、汉北河堤与沦河堤围合而成，面积约490.8km²。④杜家台分蓄洪区，分为南北两片，南片由长江纱帽堤、汉南堤与通顺河（东荆河）堤围合而成，北片由通顺河堤与自然高地围合而成。杜家台分蓄洪区总面积约570km²。⑤西凉湖分蓄洪区：该分蓄洪区跨武汉市、嘉渔市和咸宁市三城市，其中武汉市内由沿江的四邑公堤和北部、东部的自然高地围合，面积约418km²。

上位规划促进力的具体指标类型、评价因子、赋值及权重见表6-23，评价结果如图6-22所示。

上位规划促进力分类赋值一览表　　　　　　　　　　表6-23

指标类型	评价因子	分　值	权　重
规划土地利用类型	城镇建设区	5	0.6
	乡村建设区（H14）	4	
	发展备用地	3	
	风景游览用地（H9）	2	
	非建设区	1	
城市防洪	自然高地	5	0.4
	其他区域	3	
	分蓄洪区	1	

6.3.3.4 交通设施吸引力

便利的交通设施对区域发展具有关键作用，本书主要选取道路交通和轨道交通2个指标类型，按照表6-24构建评价指标体系并分类赋值。其中道路交通的评价因子分级标准参照《城市道路交通规划规范》中各级道路设置的间距要求，分别为快速路1500～2500m，主干路700～1200m，次干路350～500m，支路150～250m；轨道交通分级标准则根据轨道交通站点周边土地价值的已有研究成果确定。具体计算结果见图6-23。

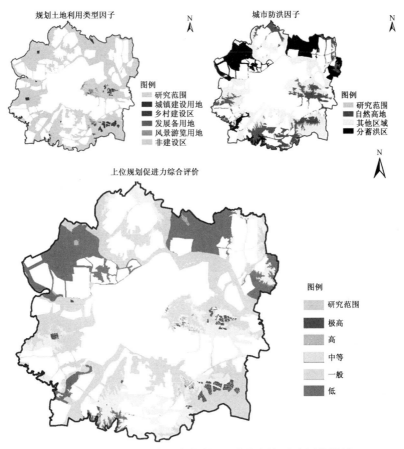

图 6-22　武汉市基本生态控制区上位规划促进力评价结果

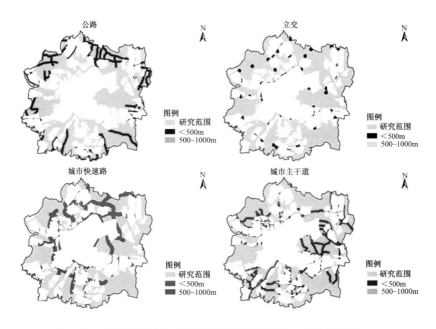

图 6-23　武汉市基本生态控制区交通设施吸引力评价结果（一）

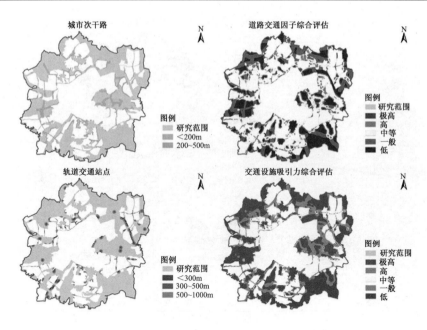

图 6-23 武汉市基本生态控制区交通设施吸引力评价结果（二）

交通设施吸引力分类赋值一览表　　　　　　　　　　　　　　表 6-24

指标类型	评价因子	内容	得分	分权重	总权重
道路交通	立交口	500	5	0.25	0.4
		1000	3		
	一般公路	500	5	0.2	
		1000	3		
	城市快速路	500	5	0.15	
		1000	3		
	城市主干道	500	5	0.25	
		1000	3		
	城市次干道	200	5	0.15	
		500	3		
轨道交通	轨道交通站点	300	5	0.6	
		500	3		
		1000	1		

6.3.3.5 经济重要性综合评估

整合自然条件支撑力、现状土地覆盖支持力、上位规划促进力、交通设施吸引力 4 大类指标，在 ArcGIS 软件中利用栅格计算功能，进行叠加计算，重分类后得到经济重要性综合评估的结果，如图 6-24 所示。

从评价结果可见，具有经济发展潜力的区域主要分布在交通干线沿线、城市增长边界周边等区域，呈散布式分布。

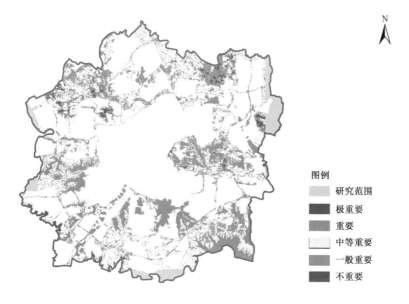

图 6-24　武汉市城市基本生态控制区经济重要性综合评价结果图

6.3.4　综合评估及分区

首先，对生态重要性评估结构和生态脆弱性评估结果利用 ArcGIS 软件的 Spatial Analyst Tools/Local/Cell Statistics 工具，求出单位景观单元的最大值，得到生态要素综合评价图，见图 6-25；然后利用栅格计算功能，与经济重要性评估结果加权叠加计算，其中生态权重为 0.8，经济权重为 0.2，再将计算结果进行重分类，得到图 6-26 保护与利用综合评价图；最后，将图 6-26 进行保护与利用分区，分为禁建区和限建区 2 类（图 6-27），作为下步保护与利用规划的基础。

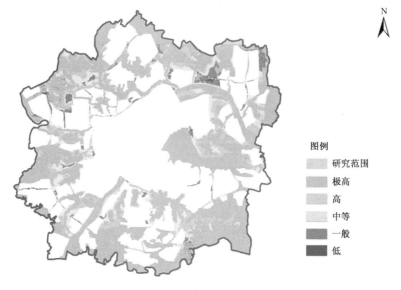

图 6-25　武汉市城市基本生态控制区生态要素综合评价图

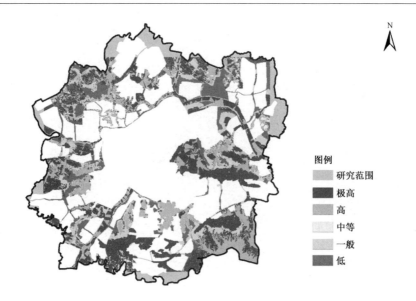

图 6-26　武汉市城市基本生态控制区保护与利用综合评价图

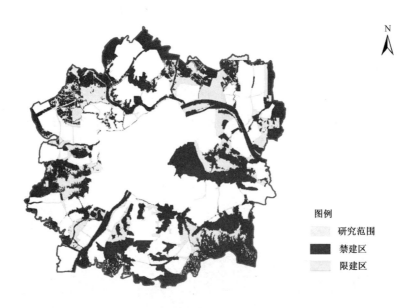

图 6-27　武汉市城市基本生态控制区保护与利用分区图

6.4　武汉市基本生态控制区保护性利用规划对策

6.4.1　总体思路

6.4.1.1　乡镇分类

1. 3 种类型

规划范围内涉及 37 个乡镇（图 6-28），基于各乡镇城市基本生态控制区用地占比的不同，将其划分为3种类型（表6-25）：

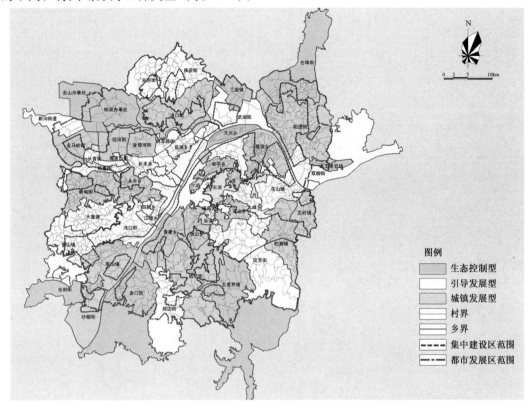

图6-28 武汉市城市基本生态控制区乡镇分类分布图
来源：武汉市规划研究院，2013a。

武汉市基本生态控制区乡镇分类一览表 表6-25

类　型	名　称	小计
生态控制型	东山、柏泉、三里、仓埠、天兴、龙王咀、五里界、金口、东荆	9
引导发展型	辛安渡、天河、横店、武湖、花山、双柳、九峰、流芳、郑店、豹山、大集、慈惠	12
城镇发展型	走马岭、径河、金银湖、滠口、阳逻、左岭、豹澥、洪山、纸坊、青菱、军山、纱帽、蔡甸、永丰、和平、建设	16

生态控制型乡镇：位于生态绿楔区域内或重要生态廊道方向上，行政范围内城市基本生态控制区占比大于90%，以生态底线区（禁建区）和生态发展区（限建区）为主的乡（镇、街、场）。

引导发展型乡镇：位于城镇发展轴向上的生态控制区内，用地范围内城市基本生态控制区占比在2/3以上（约占70%~90%）的乡（镇、街、场）。

城镇发展型乡镇：位于新城或新城组团区域，用地范围内集中建设区占比大于30%的乡（镇、街、场）。

2. 细分中类

由于 37 个乡镇各自具体情况又有不同，仅用 3 种类型不能完全区分开，同时在下步制定乡镇发展模式中也会面临难以归纳完整等问题，因此，规划基于各乡镇生态敏感性、城市基本生态控制区占比的不同，将涉及的 37 个乡镇再细分为 9 个中类，具体如图 6-29、表 6-26 所示。

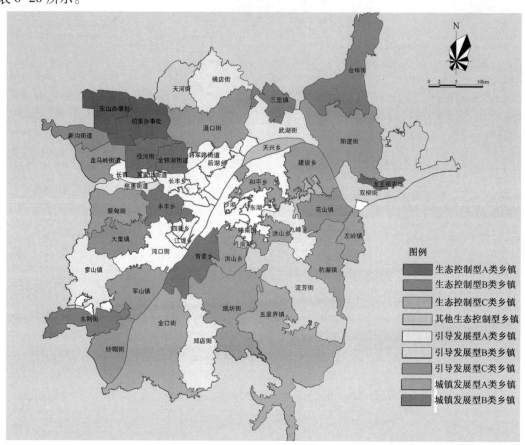

图 6-29　武汉市城市基本生态控制区乡镇分类细分分布图

来源：武汉市规划研究院，2013a。

武汉市基本生态控制区涉及乡镇分类明细　　　　　　　　表 6-26

乡镇类型		说　　明	乡镇名称	个数
大类	中类			
生态控制型乡镇	生态控制型 A 类乡镇	生态敏感性高，城市基本生态控制区占比达 100% 的乡镇	柏泉、东山、龙王咀	3
	生态控制型 B 类乡镇	生态敏感性高，含少量集中建设区的乡镇	三里、仓埠、东荆	3
	生态控制型 C 类乡镇	生态敏感性较高，镇区位于集中建设区内的乡镇	五里界、金口	2
	其他生态控制型乡镇	属于行洪民垸、地质灾害等区域的乡镇	天兴	1

续表

乡镇类型		说　明	乡镇名称	个数
大类	中类			
引导发展型乡镇	引导发展型A类乡镇	生态敏感性一般，镇区位于集中建设区内，含重要的生态廊道、隔离带的乡镇	横店、武湖、慈惠、豹山、郑店、九峰	6
	引导发展型B类乡镇	生态敏感性一般，集中建设区和镇区分开设置的乡镇	天河、流芳、双柳	3
	引导发展型C类乡镇	生态敏感性一般，有明确的大型旅游建设项目或产业园区的乡镇	新沟、大集、花山	3
城镇发展型乡镇	城镇发展型A类乡镇	生态敏感性较弱，镇区位于集中建设区内的乡镇	湛口、走马岭、蔡甸、军山、纱帽、洪山、纸坊、豹獬、左岭、阳逻、和平、建设	12
	城镇发展型B类乡镇	生态敏感性较弱，集中建设区占比超过60%的乡镇	径河、金银湖、永丰、青菱	4

6.4.1.2　村镇发展指引

1. 村庄发展指引

规划基于图6-27确定的城市基本生态控制区保护与利用分区，结合各建制村的村湾集并策略、建设控制指标等，将规划范围内的乡镇各建制村细分为搬迁性、控制型、发展型等3种类型。

搬迁型村位于生态保护要求比较高的区域，如禁建区，对村湾需要进行整理迁并，腾退土地进行复垦或者进行生态保护，人口密度、人均用地按照5.3.4确定的相应控制指标进行控制。

控制型村位于生态保护要求相对一般的区域，对村湾进行原地整治，减少其占地规模。

发展型村位于城镇发展轴向上，对村湾进行易地新建或就地扩建，人口密度、人均用地可采取村镇标准的上限，鼓励其吸纳乡镇其他建制村居民，发展旅游服务业等适宜的产业。

武汉市城市基本生态控制区村庄发展指引见表6-27。

武汉市基本生态控制区村庄发展指引一览表　　　表6-27

乡镇类型	村庄类型	名　　称	数量
生态控制型乡镇			117
其中	迁型村庄	后湖村、永胜村、清江大队、新塔村等	66
	控制型村庄	东湖大队、栗庙村、西湖村、马鞍村等	30
	发展型村庄	先锋村、铁板洲、淮山村、锦绣村等	21
引导发展型乡镇			248

乡镇类型	村庄类型	名　　称	数量
其中	搬迁型村庄	东风村、九峰村、新跃村、花山渔场等	121
	控制型村庄	关山村、建强村、曙光村、光明村等	72
	发展型村庄	东方村、同兴村、武东村、道店村等	55
城镇发展型乡镇			285
其中	搬迁型村庄	三眼桥村、十里村、快活岭村、花园村等	152
	控制型村庄	先锋大队、金王村、龙王庙村、李桥村等	68
	发展型村庄	万山村、凤山村、幸福村、永利村等	65
合计			650

2. 乡镇发展指引

结合 5.3.1 节、5.3.2 节、5.3.3 节对城市基本生态控制区提出的空间管制要求、空间组织模式、产业发展对策，对城市基本生态控制区涉及的 37 个乡镇分类提出规划导引，见表 6-28 所列。

武汉市基本生态控制区乡镇发展指引汇总表　　　　表 6-28

乡镇类型		乡镇名称	村镇发展模式	生态控制区产业发展类型	空间管制要求
生态控制型乡镇	生态控制型A类乡镇	柏泉、东山、农王咀	新市镇＋生态社区	风景旅游、观光农业种植、林副产业、休闲产业	按照5.3.1节要求进行管制
	生态控制型B类乡镇	三里、仓埠、东荆	集中建设区＋新市镇＋生态社区	观光农业、立体农业	
	生态控制型C类乡镇	五里界、金口、和平	集中建设区＋生态社区	观光农业、文化教育、水产养殖、园艺花卉、风景旅游、休闲产业	
	其他生态控制型乡镇	天兴	不设置生态社区，乡镇外集中安置（行洪民垸）	风景旅游、健康产业、休闲产业	
引导发展型乡镇	引导发展型A类乡镇	横店、武湖、建设、慈惠、岁山、郑店、九峰	集中建设区（＋新市镇）＋生态社区	立体农业、观光农业、花卉园艺	
	引导发展型B类乡镇	天河、流芳、双柳	集中建设区＋新市镇＋生态社区	特色农业、水产养殖	
	引导发展型C类乡镇	新沟、大集、花山	新市镇＋生态社区	风景旅游、健康运动、观光农业、水产养殖	
城镇发展型乡镇	城镇发展型A类乡镇	滠口、走马岭、蔡甸、军山、纱帽、洪山、纸坊、豹澥、左岭、阳逻	集中建设区＋生态社区	观光农业、花卉园艺、文化教育	
	城镇发展型B类乡镇	径河、金银湖、永丰、青菱	集中建设区（＋生态社区）	观光农业、园艺花卉、休闲产业	

6.4.1.3 其他建设要求

其他具体建设要求，如村镇建设控制指标、公共服务设施配套要求、具体的规划管控手段等保护与利用规划要素，均参见 5.3.4 节、5.3.5 节的要求，在具体的村镇规划中落实。

6.4.2 典型案例：以东西湖区柏泉办事处为例[①]

6.4.2.1 现状概况

1. 行政区划

东西湖区柏泉办事处属于生态控制型 A 类乡镇，由 11 个行政村（队）组成，总用地规模为 93.51km²。各行政村用地规模均在 5 ~ 15km² 左右（图 6-30）。

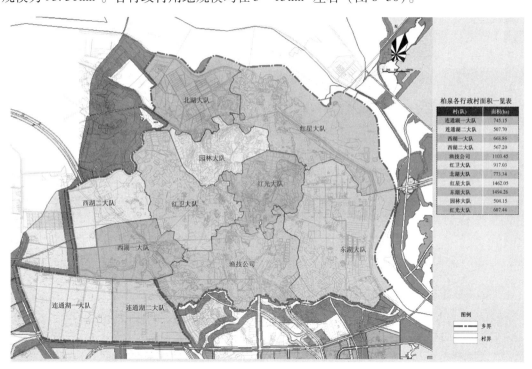

图 6-30　柏泉办事处行政区划图

来源：武汉市规划研究院，2013a。

2. 社会经济

据统计数据，2006 年，柏泉办事处地区生产总值 5.50 亿元，三次产业比重为 11：54：35。第一产业以粮食、蔬菜、瓜果和蔬菜种植为主，目前已形成了苗木、蔬菜、水产几大主导产业。第二产业现有达能集团、烟火厂等一批企业，目前已形成以水泥制品、采石为主导

① 该案例根据武汉市规划研究院编制的《武汉都市发展区"两线三区"空间管制与实施规划》中的专题一《武汉市生态框架保护规划》有关柏泉办事处案例整理而得，在此对该项目组表示感谢。

的建材工业体系业。第三产业在经济发展中的所占比例日趋扩大，主要沿张柏公路两侧发展，以牧业加工、运输、餐饮等为主。

3. 人口及用地现状

柏泉办事处现状城镇建设用地（含交通）3.92km²，村庄用地 5.35km²，农用地134.04km²，水域及水利设施用地 52.28km²（图 6-31）。

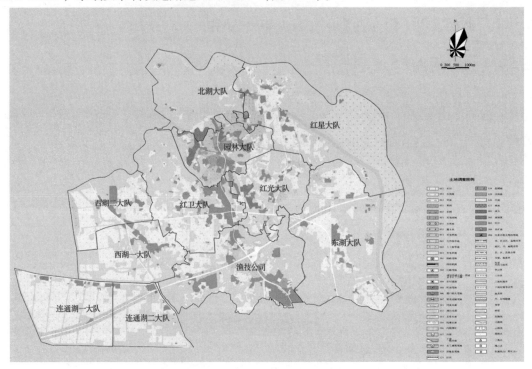

图 6-31　柏泉办事处土地利用现状图

来源：武汉市规划研究院，2013a。

柏泉办事处现状农业人口 1.06 万人，城镇人口 1851 人（2010 年数据）。各村现状人口密度为 20 ~ 68 人/hm²，人均建设用地 146 ~ 489m²/人。人均宅基地面积 29.8 ~ 54m²/人，人均住房面积为 31 ~ 56m²/人。

4. 现状指标分析

以村为单位，进行现状城镇建设用地、村庄用地、面积密度与集聚度的 GIS 分析。

各村（队）现状城镇建设用地面积比例较低，多为 1.2% 以下，其中红光大队、北湖大队和园林大队等 3 个村镇建设用地比例较高，园林大队最高，为总用地的 4.8%。

现状村庄主要集中在张柏公路沿线，且规模较大，已基本集中成片，另有部分村庄零星分布，单个村庄用地面积约为 3 ~ 5hm²（图 6-32）。

规划对柏泉办事处的禁建区占比情况进行 GIS 分析，连通湖一大队、连通湖二大队禁建区占比较低，北湖大队、园林大队、红星大队、红光大队、西湖一大队等禁建区占比较高，大于 80%。

规划对柏泉办事处的适建区占比情况进行 GIS 分析，分区确定的适建区主要集中在渔技公司，其他大队占比较少。

图 6-32 柏泉办事处现状村庄用地分布图

来源：武汉市规划研究院，2013a。

正在编制的柏泉办事处乡镇总体规划中，规划基本农田数量为 2568.24hm^2，建设用地总规模控制在 997.05hm^2 以内，城乡建设用地规模控制在 488.24hm^2，城镇工矿用地规模控制在 163.74hm^2 以内，办事处通过土地整理复垦开发增加耕地面积不少于 198.65hm^2。

6.4.2.2 规划对策

1. 功能布局

规划将柏泉办事处打造为以生态型都市农业为基础，以生态旅游为主导的近郊特色乡镇。其中柏泉镇区作为办事处的政治、经济、文化及生活服务中心，是以旅游接待、生态居住为主导的宜居城镇。

2. 用地布局

柏泉办事处现状镇区用地面积为 94.84hm^2，现状村庄用地面积为 449.99hm^2，现状农业人口 10146 人，现状非农业人口 1851 人。

根据城市基本生态控制区保护与利用分区，以及生态控制型乡镇行政村分类控制标准，规划人均建设用地指标约为 60m^2/人；按照规划人口 2.35 万人，其中城镇人口 1.39 万人，即规划村庄用地规模约为 57.6hm^2，可腾退用地指标 3.92km^2。柏泉镇域范围内规划限建区面积为 22.3km^2，按照不超过 40% 可用于有条件建设计算，则可建设用地面积为 8.9km^2，能够满足腾退用地指标的使用。

基于对现状用地情况的分析、上位规划的控制要求、生态敏感性的分析等，将各种要素进行叠加，从而得出实施规划的规划导引。

规划以张柏公路为发展轴线，形成农业发展板块、城镇建设与产业发展板块、柏泉风景旅游板块等四大功能板块。其中农业发展板块依托基本农田布局特色农业种植和观光农业；城镇建设与产业发展板块主要沿张柏公路分布，包括柏泉镇区、生态社区、产品加工等功能，是办事处的二产、三产集聚区；柏泉风景旅游板块主要是依托柏泉风景区，打造生态旅游、休闲旅游等三产业（图 6-33）。

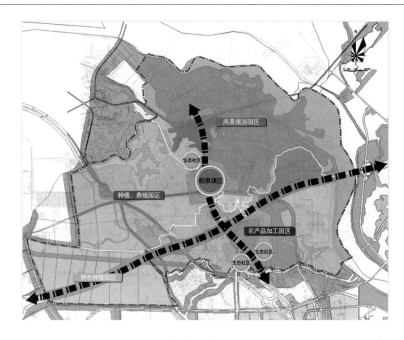

图 6-33　柏泉办事处规划结构图

来源：武汉市规划研究院，2013a。

（1）新市镇（旅游集镇）+生态社区的村镇发展模式。以柏泉镇为中心，对全乡镇村庄进行集并，统一进行社区化建设（图6-34）。除镇区外，按照生态社区建设标准，柏泉镇初步拟设置3处生态社区，分别位于杜公湖以西、五支沟、镇区以北等三处，考虑办事处与三江航天集团联合建设，对镇区以外的农村居民点统一迁并的意向，对三处生态社区进行归并，结合现状和产业配套，在张柏公路沿线杜公湖西岸设置1处生态社区，用地规模为57.6hm²。

图 6-34　柏泉办事处农村居民点集并示意图

来源：武汉市规划研究院，2013a。

（2）以乡镇为单位进行全乡镇腾迁指标的综合调配。通过对村湾的用地集并，将腾退用地指标作为乡镇产业发展空间，规划结合禁限建分区和乡镇发展意愿，预留产业发展用地 2.61km²，还剩余 1.31km² 作为机动指标。原村湾腾退土地应因地制宜进行复垦，宜耕则耕，宜林则林（图 6-35）。

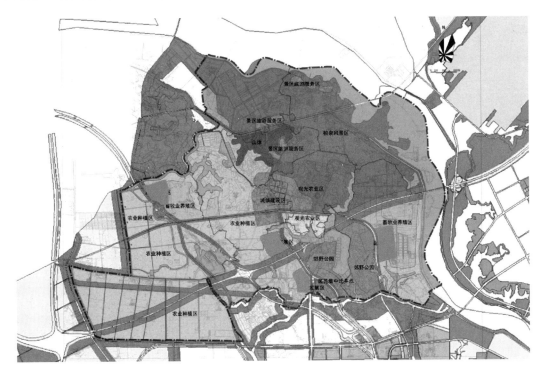

图 6-35　柏泉办事处产业布局示意图

来源：武汉市规划研究院，2013a。

（3）产业园区化发展。结合柏泉自身特色，发展特色农业种植、观光；农产品加工；观光等一产业，以及风景旅游等产业，形成特色种植园、风景旅游园、种植养殖园、农产品加工园等 4 个园区（图 6-36）。考虑各村产业发展的空间需求，实现"一村（或多村）一策"，每村或几村联合筹划 1 项主导产业类型指引，园区内包装形成若干项目，为招商引资提供基础。基于以上用地布局，形成柏泉办事处规划导引图（图 6-37），可指导办事处的实施建设、规划的编制以及招商引资。

6.4.2.3　规划管控及实施建议

1. 编制单元划分

以产业园区为单元，结合行政村界线，划分为 4 个园区和 1 个镇区，以园区为单位，制定相应控制导引和项目策划（图 6-38）。

2. 规划管控

根据 5.3.5 节确定的控制图则控制要求，落实柏泉办事处规划布局要求，建立相应控制标准，指导管理与实施（图 6-39）。

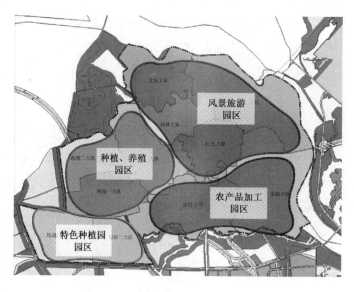

图6-36 柏泉办事处产业园区分布图

来源：武汉市规划研究院，2013a。

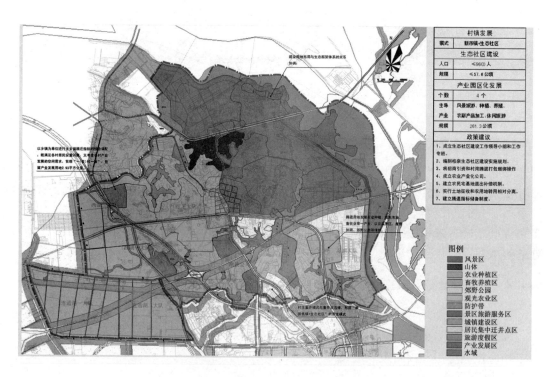

图6-37 柏泉办事处规划指引总图

来源：武汉市规划研究院，2013a。

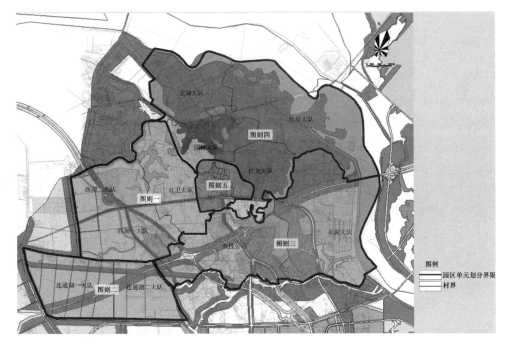

图 6-38 柏泉办事处编制单元划分图

来源：武汉市规划研究院，2013a。

3. 实施政策建议

（1）成立生态社区建设工作领导小组和工作专班。成立以区委书记、区长为组长，宣传部、文明办、团区委、发改委、国土规划局、商务局、交通局、建设局、财政局、农业局、林业局、教育局、科技局、经信局、民政局、水务局、人社局、城管局、卫生局、文体局、计生委、审计局、环保局、统计局、旅游局、柏泉街道办事处等部门和乡镇负责人为成员的领导小组，制定柏泉生态社区建设实施方案，开展招商引资、政策宣传、规划编制、拆迁安置、市政配套、环境保护、公共服务、就业培训、社保体系、医疗卫生、文化体育等工作。领导小组下设工作专班，具体负责日常相关工作。

（2）编制柏泉生态社区建设实施规划。依据柏泉办事处总体规划，以土地整理为平台，以城乡用地增减挂钩为抓手，整合相关规划，推进柏泉生态社区建设，按照不同需求，包装形成现代农业发展规划、生态社区建设项目开发模式等，进行宣传和招商引资等；整理形成土地整理规划、城乡增加挂钩规划、农田水利建设规划等，充分利用国家政策，积极争取国家土地整理、农田水利建设、农村道路建设、农业开发资金等。

（3）将招商引资和村湾腾退打包捆绑操作。利用柏泉的旅游、农业资源优势，加强宣传，加大招商引资力度，积极引进社会企业（目前已引进三江航天集团、武烟、光明乳业、香港南华等）参与生态社区建设，将生态社区建设中的村庄迁并、基础设施配套、农民就业等与企业需求打包捆绑操作，企业在享受税费和土地政策优惠的同时，必须承担相应的生态社区建设义务。可同时引进不同类型的企业，农业型企业通过农地流转实现规模化经营，将失地农民返聘公司工作，解决农村就业问题；有雄厚实力的企业可承担村庄迁并、基础设施建设等，腾退的建设用地优先供给该公司，优先开发柏泉旅游资源，实现"政府＋企业＋农民"多赢的局面。

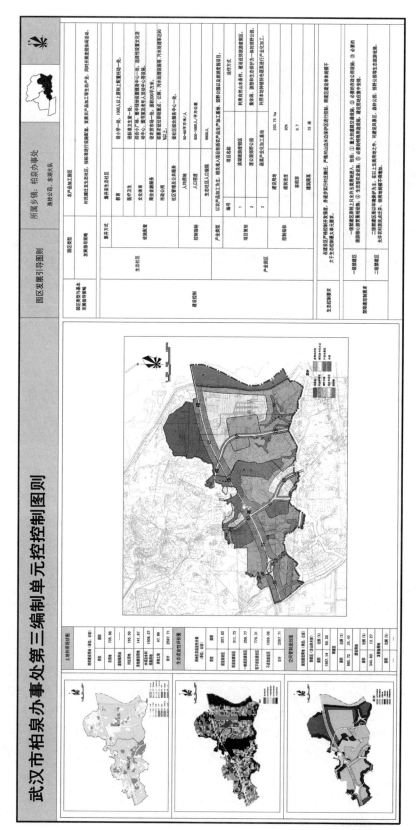

图6-39 柏泉办事处控规图则示意图

来源：武汉市规划研究院，2013年

（4）成立农业产业化公司。柏泉办事处成立农业产业化公司，对现有房屋搬迁后进行土地复垦，并通过土地权属调整，实现集中连片、规模种植。通过发展快生菜、高档花卉、种苗生产等，推动农业科技化、规模化、生态化发展。可携手华中农业大学、武汉市农业科学院等科研院校，建立合作伙伴关系，合力打造都市农业示范基地。公司优先聘用搬迁村民进入公司工作，并从每年的收益中提取一定的比例返还给搬迁村民，其他的留作发展基金，用于发展农业生产配套的农业观光、农产品加工、畜牧业种植等，延长产业链，解决更多人就业。

（5）建立腾退指标储备制度。腾退的建设用地指标可预留部分作为机动指标进行储备，并根据实际发展需求再安排用地布局，但必须符合城乡规划和土地利用总体规划。

6.4.2.4 规划效果评估

柏泉街办事处景观水平景观指数规划前后对比一览表 表6-29

指标	NP	LPI	ED	LSI	AREA_MN
	斑块数量	最大斑块指数	边界密度	景观形状指数	平均斑块面积指数
现状	484	47.7839	56.3787	15.2694	19.1591
规划	141	53.2569	24.7077	9.6237	1.3566

指标	CONTAG	IJI	COHESION	SHDI
	蔓延度指数	散布与并列指数	景观连通度指数	香农多样性指数
现状	38.88	66.3227	97.1764	1.1316
规划	41.19	78.5969	98.2668	1.1481

根据5.1.2节景观格局评估及5.1.3节生态系统服务的价值评估方法，计算柏泉办事处保护性利用规划前后景观格局和生态系统服务价值，结果如下：

1. 景观格局规划前后对比

从表6-29、表6-30来看，通过规划手段将土地规整，斑块数量变少，破碎度降低，无论从类型水平，还是景观水平，规划后的景观结构均较规划前有所优化。

柏泉街办事处类型水平景观指数规划前后对比一览表 表6-30

指标		PLAND	NP	LPI	ED
		斑块比例	斑块数量	最大斑块指数	边界密度
1 耕地斑块	现状	29.49	136	9.0154	36.7303
	规划	23.12	14	4.6765	10.0768
2 园地及林地斑块	现状	6.848	80	1.348	12.7467
	规划	54.6	17	53.2569	21.5455
3 水域和湿地斑块	现状	52.28	108	47.7839	41.3351
	规划	14.42	82	7.0816	12.1701

续表

指　标		PLAND 斑块比例	NP 斑块数量	LPI 最大斑块指数	ED 边界密度
4 裸地斑块	现状	0.022	1	0.0216	0.0863
	规划	—	—	—	—
5 城镇/乡村建设用地斑块	现状	11.36	159	1.3588	21.8592
	规划	7.861	28	3.2068	5.623

指　标		LSI 景观形状指数	AREA_MN 平均斑块面积指数	IJI 散布与并列指数	COHESION 景观连通度指数
1 耕地斑块	现状	16.49	20.1103	58.8671	93.8535
	规划	5.674	148.286	71.2852	94.1463
2 园地及林地斑块	现状	11.82	7.9375	81.0072	83.3907
	规划	10.03	288.471	94.9339	99.4514
3 水域和湿地斑块	现状	15.56	44.8889	64.525	99.0903
	规划	10.11	15.7927	48.513	91.8226
4 裸地斑块	现状	1.333	2	40.5639	29.5967
	规划	—	—	—	—
5 城镇/乡村建设用地斑块	现状	16.08	6.6226	72.9082	79.8714
	规划	5.074	25.2143	61.6976	87.1637

2. 生态系统服务的价值对比

柏泉街办事处规划前后生态系统服务价值评价结果见表6-31，保护性利用规划后总的生态系统服务的价值较规划前增加了1255万元。

柏泉街办事处规划前后生态系统服务价值对比一览表　　　表6-31

	土地利用/覆盖类型	农田	森林	草地	湿地	湖泊/河流	荒漠	城市	合计
现状	面积（hm²）	6583.64	615.29	0.00	686.29	353.86	2.24	841.55	
	生态系统服务价值（万元）	6938	2050	0	6564	2481	0	·	18033
规划后	面积（hm²）	3518.31	1877.10	459.05	303.45	843.79			
	生态系统服务价值（万元）	3708	6255	507	2902	5916	0		19288

6.5　本章小结

本章以武汉市为案例进行城市基本生态控制区保护性利用规划案例研究，对保护性利用规划的理论及方法进行验证。主要内容如下：

（1）数据准备及处理。根据操作体系的初始条件和要求，确定研究区域的尺度，进行原始数据的收集、预处理。采用的基础数据为武汉市 2009 年、2012 年矢量格式的土地利用规划口径的土地利用现状图，其中 2009 年为城市基本生态控制区实施初期，2012 年是目前可获取的最新数据。其他相关的基础数据如行政区划（区、乡镇、村）界限图、1∶2.5 万地形图、《武汉城市总体规划（2010—2020）》、《武汉市抗震防灾规划（2010—2020）》、武汉市规划管理信息，以及相关的社会经济统计资料等。以上数据均经过处理、配准后，录入 GIS 工作平台。

（2）生态资源评价。分析武汉市 2009～2012 年城市基本生态控制区土地利用、景观格局、生态系统服务的价值变化情况，结果表明：4 年间，武汉市耕地、园地、林地、草地、水域及水利设施面积持续减少，而城镇及工矿用地、交通运输用地、其他土地用地面积持续增加；景观格局变化不大，景观连通度指数略微降低，注重对水体等核心生态要素的保护，但是对生态系统自身的结构和功能关注不够，导致生态系统能提供的服务降低；生态系统服务价值为 2009 年的 45.85 亿元，减少到 2012 年 45.41 亿元，共减少了 0.44 亿元，其中水体是武汉市需要保护的核心要素。

（3）保护与利用评价。充分发挥 GIS 强大的空间数据分析和处理能力，对生态重要性、生态脆弱性、经济重要性进行综合评估。以土地利用覆盖类型，自然保护区、湿地保护区等绝对保护区，水体、山体、湿地等自然要素为评价因子，将武汉市城市基本生态控制区多元空间数据与空间特征相结合，进行生态重要性评估。构建陆生动物和水生/两栖动物的源斑块，计算两类动物的迁徙阻力，生成物种迁徙成本图层，再利用 ArcGIS 中的 Cost distance 计算斑块之间的最小成本路径，分别得到陆生动物和水生/两栖动物的生态安全格局，综合得到生态脆弱性评估结果。综合考虑自然、现状土地利用、上位规划、交通等因子，进行经济重要性评估。综合以上因子，进行综合评估，以评估结果进行保护性利用分区，指导保护性利用规划。

（4）保护性利用规划。先以武汉市城市基本生态控制区为研究对象，从乡镇分类、村镇发展指引、其他建设要求方面提出保护性利用的总体思路；再以东西湖区柏泉办事处为例，探讨其功能结构、产业发展、空间布局、控规编制的具体方法。并以规划结果为基础，进行规划前后效果评估，结果表明，在景观格局上，无论从类型水平，还是景观水平，规划后的景观结构均较规划前有所优化；在生态系统服务的价值上，保护性利用规划后总的生态系统服务的价值较规划前增加了 1255 万元。

案例结果证明，城市基本生态控制区保护性利用规划的理论框架和技术路径可行且合理，对我国当前大规模城市基本生态控制区划定后的保护性利用规划具有较强的适用性。

7 研究结论与展望

7.1 研究结论

改革开放以来，中国的城镇化成绩有目共睹，然而，传统以过度消耗和低效利用土地资源为代价的粗放式城镇化模式积累的资源、环境问题日益突出。为此，集约式的新型城镇化战略应运而生，表现在空间上，则需明确城市发展的底线，保护维系城市生态安全的关键要素。划定城市基本生态控制区，则是实现这一目标的具体举措。然而，在城市基本生态控制区划定后，由于缺乏有效的保护与利用措施，传统消极被动的保护思路使得生态用地被侵占现象时有发生，如何采取前瞻主动的思路，变消极的控制为积极的引导，促进其得到切实保护，成为城市基本生态控制区划定区后急需解答的理论与实践问题。

本书运用景观生态学、城乡规划学等相关理论，借助 GIS 技术、Fragstats 景观格局分析软件、数学模型等技术方法，基于生态资源保护及生态资源利用 2 条主线，遵循提出问题—分析问题—解决问题—案例研究的思路，探讨了城市基本生态控制区保护性利用规划的路径。主要研究结论包括以下几个方面：

1. 从研究综述和现状实践证明保护性利用规划是促进城市基本生态控制区实施的有效措施之一

本书通过对国内外与城市基本生态控制区相关的绿带、城市增长边界、绿色基础设施、禁限建区、"四线"、生态基础设施、郊野公园等概念及发展历程进行梳理，对其保护性利用规划有关的研究成果进行综述；对国内城市基本生态控制区保护性利用规划实践的成都、北京、杭州、香港 4 种典型模式进行分析。结果表明，城市基本生态控制区是当前国内外普遍采用的政策工具，对其进行多功能性的保护与利用是切实保护城市基本生态控制区的有效办法之一，但是目前具体的多功能保护与利用方法尚未成体系，还有待进一步研究。

2. 构建了城市基本生态控制区保护性利用规划的理论框架

城市基本生态控制区保护性利用规划的理论框架是生态资源保护和生态资源利用 2 条主线相耦合形成的"交叉框架"。交叉框架的纵轴为生态资源保护的主线，横轴为生态资源利用的主线，二者的交点是城市基本生态控制区保护与利用的均衡点。均衡点的确立则是借助一般均衡理论，通过对单位面积生态资源保护产生的生态效益与生态资源利用产生的经济效益的综合分析，以景观生态规划为桥梁，找到保护与利用效益最大化的均衡点。

与以往城市生态用地保护的理论不同，"交叉框架"表达了生态资源通过功能性赋予起到积极保护的目的。对城市基本生态控制区不是一味地静态保护，而是引入功能，进行积极的保护。

总的说来，保护与利用耦合的"交叉框架"的建立对于城市基本生态控制区的保护性利用规划的研究是重要的突破。"交叉框架"通过以景观生态规划为桥梁的均衡点的确立，为原本单一的 2 条线索架设了一个着力的均衡点，找到了本来平行的 2 个领域研究的交集，兼顾了生态资源保护与生态资源利用这对矛盾体，成为本研究的一大亮点。

3. 探讨了城市基本生态控制区保护性利用的技术路径

以构建的保护性利用规划理论框架为指导，阐述了保护性利用规划技术路径构建的过程及操作的技术细节，以指导具体的保护性利用规划实践。技术路径分为生态资源评价、保护与利用评估、保护性利用规划 3 个部分，每个部分之间相互关联又彼此独立，每个部分有特定的输入端和输出端，上一步的输出端是下一步的输入端，最后得到的规划结果又可反过来与第一步生态资源评价的结果相对比，以验证保护性利用规划后是否损害了生态功能。具体而言，每个部分的核心内容如下：

（1）生态资源评价：①进行土地利用/覆盖现状评价，作为景观格局评估和生态系统服务的价值评估的基础；②采用 GIS 技术将矢量的土地利用现状图栅格化及重分类，运用 Fragstats 软件，选取斑块数量（NP）、斑块比例（PLAND）、景观形状指数（LSI）、边界密度（ED）、最大斑块指数（LPI）、平均斑块面积指数（AREA_MN）、蔓延度指数（CONTAG）、散布与并列指数（IJI）、景观连通度指数（COHESION）、香农多样性指数（SHDI）等代表性指标，进行景观格局评估；③利用科斯坦萨等提出又经诸多学者改进的直接市场价值法进行生态资源服务的价值评估。

（2）保护与利用评估：①基于生态用地的"垂直"属性，进行生态重要性评估，找出生态系统中能提供较高生态系统服务价值的关键要素；②基于生态用地的"水平"属性，根据景观生态学的过程—格局相互作用原理，优化景观空间格局，提升生态系统的"质"；③在传统保护与利用分区主要考虑生态因素的基础上，引入经济重要性因子，从自然条件支撑力、现状土地覆盖支持力、上位规划促进力、交通设施吸引力 4 个方面，进行经济重要性评估；④将生态因子与经济因子整合，进行保护与利用分区，形成禁建区及限建区两大区域，作为保护与利用规划的前提。

（3）保护性利用规划：在生态资源保护的前提下，以城乡规划理论为指导，从空间管制要求、空间组织模式、产业发展对策、村镇建设对策、规划管控对策 5 个方面，提出保护性利用规划的对策和措施。在空间管制上，明确禁建区及限建区的空间管制要求；在空间组织模式上，构建了"产业—村·镇"体系；在产业发展对策上，提出以郊野公园及都市农业为主导的产业发展模式，并提出生态化产业发展策略及分区产业发展类型的选择思路；在村镇建设对策上，本书研究了新型生态社区的建设规模和指标、生态社区公共服务设施配套的指标；在规划管控上，探讨了编制单元划分的标准，用地分类的要求，控制的方式及控制内容，将以上形成的空间指引和建设要求落实到具体的控规图则上，以对接规划管理和实施。

最后将保护性利用规划前后的景观格局及生态系统服务的价值评估的结果进行对比，以验证实施保护性利用规划后是否对城市生态系统的生态服务功能造成损伤。

总的说来，"技术路径"的建立对城市基本生态控制区保护性利用理论框架的实施进行了具体阐释，尤其是在保护性利用评估体系的建立上，从生态要素"垂直"及"水平"特征出发，对生态评价方法进行了优化；更关键的是，传统的城市基本生态控制区分区管控评价指标主要从生态角度构建，较少考虑生态资源的经济价值要素，本书增加了经济因子，形成一套新型的保护与利用评价指标体系，也是城市基本生态控制区保护性利用评估方法的突破。

4. 开展了技术路径的案例研究

以武汉市为案例进行城市基本生态控制区保护性利用规划案例研究，对保护性利用规划的理论及方法进行验证。

在生态资源评价中，分析武汉市 2009～2012 年城市基本生态控制区土地利用、景观格局、生态系统服务的价值变化情况，结果表明：4 年间，武汉市耕地、园地、林地、草地、水域及水利设施面积持续减少，而城镇及工矿用地、交通运输用地、其他土地用地面积持续增加；景观格局变化不大，景观连通度指数略微降低，注重对水体等核心生态要素的保护，但是对生态系统自身的结构和功能关注不够，导致生态系统能提供的服务降低；虽然武汉市采取了较为严格的生态控制区管理措施，生态系统服务的价值仍从 2009 年的 45.85 亿元，减少到 2012 年的 45.41 亿元，共减少了 0.44 亿元。

在保护与利用评价中，充分发挥 GIS 强大的空间数据分析和处理能力，对生态重要性、生态脆弱性、经济重要性进行综合评估。以土地利用覆盖类型，自然保护区、湿地保护区等绝对保护区，水体、山体、湿地等自然要素为评价因子，将武汉市城市基本生态控制区多元空间数据与空间特征相结合，进行生态重要性评估。构建陆生动物和水生/两栖动物的源斑块，计算两类动物的迁徙阻力，生成物种迁徙成本图层，再利用 ArcGIS 中的 Cost Distance 计算斑块之间的最小成本路径，分别得到陆生动物和水生/两栖动物的生态安全格局，综合得到生态脆弱性评估结果。综合考虑自然、现状土地利用、上位规划、交通等因子，进行经济重要性评估。综合以上因子，进行综合评估，以评估结果进行保护性利用分区，指导保护性利用规划。

在保护性利用规划中，先以武汉市城市基本生态控制区为研究对象，从乡镇分类、村镇发展指引、其他建设要求方面提出保护性利用的总体思路；再以东西湖区柏泉办事处为例，探讨其功能结构、产业发展、空间布局、控规编制的具体方法。并以规划结果为基础，进行规划前后效果评估，结果表明，在景观格局上，无论从类型水平，还是景观水平，规划后的景观结构均较规划前有所优化；在生态系统服务的价值上，保护性利用规划后总的生态系统服务的价值较规划前增加了 1255 万元。

案例结果证明，城市基本生态控制区保护性利用规划的理论框架和技术路径可行且合理，对我国当前大规模城市基本生态控制区划定后的保护性利用规划具有较强的适用性。

7.2　创新点

本书的研究特色和创新主要体现在以下 3 个方面：

1. 2 条线索，相互耦合，构建了保护性利用的理论框架

本书打破传统生态资源保护和生态资源利用的 2 条平行的线索，创新地引入一般均衡理论，通过对单位面积生态资源保护产生的单位生态效益与生态资源利用产生的单位经济效益的综合分析，找到保护与利用效益最大化的均衡点，建立保护与利用 2 条线索耦合的交叉框架，然后以此均衡点为基础，探索具体的保护性利用的对策及管控措施，形成一套完整的保护性利用规划的理论框架。缓解了生态资源保护与生态资源利用相冲突甚至背离的现实矛盾，搭建了城市基本生态控制区生态保护与物质空间规划之间的桥梁。

2. 引入经济因子，构建了新型的保护与利用评价指标体系

传统的城市基本生态控制区保护与利用分区管控评价指标主要从生态角度构建，较少考虑生态资源的经济价值要素。本书在传统评价方法基础上，将生态指标归纳为生态重要性和生态脆弱性 2 大类型，从提升生态服务的价值，优化景观结构和功能的角度，构建生态评价指标体系；然后开创性引入经济因子，从自然条件支撑力、现状土地覆盖支持力、上位规划促进力、交通设施吸引力 4 个方面，构建经济重要性评价指标体系；再综合生态评价指标体系合，构建了新的保护与利用规划评价指标体系。

3. 探讨了一套适用的保护性利用技术路径

本书基于中部地区的城市特色，充分考虑到因子获取的难易性，通过生态资源评价、保护与利用评估、保护性利用规划 3 个部分，建构了适宜中国中部大城市地域特征的城市基本生态控制区保护性利用技术路径，并以武汉为案例，对该技术路径进行了案例研究，弥补了当前城市基本生态控制区缺乏保护性利用操作方法的问题，提高了规划实施的科学性。

7.3　研究展望

城市基本生态控制区保护性利用是一个多学科交叉、复杂、综合的研究领域，关于城市基本生态控制区保护性利用规划路径的研究是城市基本生态控制区划定后实施时的重要研究课题之一。然而，由于时间、精力、水平的限制，本书仍有许多未尽事宜有待深度研究。

1. 关于保护性利用评估的方法的优化

虽然本书在传统的城市基本生态控制区分区管控评价指标体系上有 2 点优化：一是对生态评估，根据生态要素的"垂直"和"水平"属性，建立生态重要性和生态脆弱性评价指标，既保护了能提供更优生态系统服务的价值的主要生态要素，又优化生态系统的景观结构和功能；二是在生态指标基础上，创新地引入了经济重要性因子，进行保护与利用综合评估。然而，目前的研究主要提出了评价指标体系构建的思路及框架，对于具体评价因子的指标的选取仍是基于数据的可获取性及以往已有研究的经验值，下一步研究，还可进一步从生态系统及经济发展本身进行科学分析，确定评价指标，增强其科学性。

2. 关于保护性利用规划控制指标的科学性探讨

在保护性利用规划中，5.3.4 节村镇建设对策部分，本书提出了新型生态社区建设规模与指标，指标的获取主要基于案例分析及经验值，还缺乏基于生态保护及经济社会发展等方面综合分析后得到的指标值；5.3.5 节规划管控对策部分，本书基于控规的一般要求，提出对城市基本生态控制区的单个地块，需控制容积率、建筑密度、绿地率、建筑高度、透水率，但针对不同的生态用地类型，适宜的控制指标如何，还有待下一步进一步分析论证。

3. 关于保护性利用的实施机制的探讨

城市基本生态控制区保护性利用规划的实施离不开相应的政策机制，如生态补偿机制、土地流转政策、城乡建设用地增减挂钩政策等。但是由于时间精力的限制，本书仅从物质空间规划层面，探讨了保护性利用规划的路径，政策管理层面的探讨还有待进一步研究。

参考文献

［1］ Andersson E, Barthel S, Borgstrom S, et al. Reconnecting Cities to the Biosphere: Stewardship of Green Infrastructure and Urban Ecosystem Services ［J］. Ambio, 2014, 43（4）: 445-453.

［2］ Ahern J. Green Infrastructure for cities: The spatial dimension. ed. V. Novotny ［M］. London: IWA Publications, 2007: 267-283.

［3］ Amati M, Yokohari M. Temporal changes and local variations in the functions of London's green belt ［J］. Landscape and Urban Planning, 2006, 75（1）: 125-142.

［4］ Anthony W. Greenways multiplying and diversifying in the21st century. Landscape and Urban Planning, 2005 （76）: 252-290.

［5］ Antrop M. Landscape change: plan or chaos? ［J］. Landscape Urban Plan, 1998, 41（1）: 155-161.

［6］ Bae C H C. Cross – border impacts of growth management programs: Portland, Oregon, and Clark County, Washington ［C］//. Pacific Regional Science Conference. Poland, 2001: 10-22.

［7］ Bastian O, Haase D, and Grunewald K. Ecosystem properties, potentials and services – The EPPS conceptual framework and an urban application example ［J］. Ecological Indicators, 2012（21）: 7-16.

［8］ Benedict M A, McMahon E T. Green Infrastructure: Smart Conservation for the 21st Century ［J］. Renewable Resources Journal, 2002, 20（3）: 12-17.

［9］ Benedict M A, and McMahon E T. Green infrastructure – Linking landscapes and communities ［M］. Washington, DC: Island Press, 2006.

［10］ Benfield F K et al. Solving Sprawl: Models of Smart Growth in Communities across America ［J］. Natural Resources Defense Council, 2001, 32（8）: 137-138.

［11］ Bengston D N, Fletcher J O, Nelson K C. Public policies for managing urban growth and protecting open space: policy instruments and lessons learned in the United States ［J］. Landscape Urban Plan, 2004, 69 （1）: 271-286.

［12］ Bengston D N, Youn Y C, Stewart, S I. Urban Containment Policies and the Protection of Natural Areas: The Case of Seoul's Greenbelt ［J］. Landscape Ecology and Society, 2006, 11（1）: 3.

［13］ Boussauw K, Allaert G, and Witlox, F. Colouring Inside What Lines? Interference of the Urban Growth Boundary and the Political – Administrative Border of Brussels ［J］. European Planning Studies, 2013, 21 （10）: 1509-1527.

［14］ Boyd J. Non – market benefits of nature: What should be counted in green GDP? ［R］. Washington, D C, USA, 2006.

［15］ Burchell R, Listokin D. Land, infrastructure, housing costs, and fiscal impacts associated with growth: the literature on the impacts of sprawel versus managed growth ［M］. MA: Lincoln Institute of Land Policy, 1995.

［16］ CHO S. Estimating spatially varying effects of urban growth boundaries on land development and land value ［J］. Land Use Policy, 2007, 28（2）: 324-332.

［17］ Costanza R et al. The value of the world's ecosystem services and natural capital ［J］. Nature, 1997, 387: 253-260.

［18］ Dempsey J A, Plantinga A J. How well do urban growth boundaries contain development? Results for Oregon using a difference‐in‐difference estimator ［M］. Regional Science and Economics, 2013: 996‐1007.

［19］ Diaz S et al. Linking functional diversity and social actor strategies in a framework for interdisciplinary analysis of nature's benefits to society ［J］. Proceedings of the National Academy of Sciences, 2011, 108: 895‐902.

［20］ Dietzel C, Clarke K C. The effect of disaggregating land use categories in cellular automata during model calibration and forecasting ［J］. Computers, Environment and Urban Systems, 2006, 30: 78‐101.

［21］ ECOTEC. 2008. The economic benefits of Green Infrastructure: Developing key tests for evaluating the benefits of Green Infrastructure ［EB/OL］. http: //www. gos. gov. uk/497468/docs/276882/752847/GIDevelopingtests.

［22］ Elson M J, Walker S, Macdonald R. The effectiveness of green belts ［M］. London: HMSO, 1993.

［23］ Ernstson H. The social production of ecosystem services: A framework for studying environmental justice and ecological complexity in urbanized landscapes ［J］. Landscape and Urban Planning, 2013, 109: 7‐17.

［24］ Fisher B, Turner R, and Morling P. Defining and classifying ecosystem services for decision making ［J］. Ecological Economics, 2009, 68: 643‐653.

［25］ Forman R T T, and Godron M. Landscape Ecology ［M］. New York: John Wiley & Sons, 1986.

［26］ Forman R T T. Landscape Mosai cs: The Ecology of Landscapes and Regions ［M］. Cambridge: Cambridge University Press, 1995.

［27］ de Groot R S et al. Challenges in integrating the concept of ecosystem services and values in landscape planning, management and decision making ［J］. Ecological Complexity, 2010, 7: 260‐272.

［28］ Gennaio M, Hersperger A M, Burgi M. Containing urban sprawl – Evaluating effectiveness of urban growth boundaries set by the Swiss Land Use Plan ［J］. Land Use Policy, 2009, 26 (8): 224‐232.

［29］ Gren I M, Groth K H, Sylvén M. Economic Values of Danube Floodp lains ［J］. Journal of EnvironmentalManagement, 1995, 45: 333‐345.

［30］ Gunn S C. Green belts: A review of the regions'responses to a changing housing Agenda ［J］. Journal of Environmental Planning and Management, 2007, 50 (5): 595‐616.

［31］ usannah Gill E et al. Characterizing the urban environment of UK cities and towns A template for landscape planning ［J］. Landscape and Urban Planning, 2002, 87 (1): 210‐222.

［32］ Haines – Young R, and Potschin M. 2010. The links between biodiversity, ecosystem services and human well – being ［M］ //Frid C and Raffaelli D G (eds). Ecosystem ecology ［M］ New York: Cambridge University Press, 2010: 110‐139.

［33］ Hammer R B et al. Characterizing dynamic spatial and temporal residential density patterns from1940‐1990 across the North Central United States ［J］. Landscape Urban Plan, 2004, 69 (1): 183‐199.

［34］ Hansen R. , Pauleit S. From Multifunctionality to Multiple Ecosystem Services? A Conceptual Framework for Multifunctionality in Green Infrastructure Planning for Urban Areas ［J］. AMBIO, 2014, 43 (5): 516‐529.

［35］ Hassel J. A Geospatial Approach to Measuring New Development Tracts for C characteristics of Sprawl ［J］. Landscape Journal, 2004, 32 (23): 52‐67.

［36］ Heim C. Leapfrogging, urban sprawl, and growth management: Phoenix1950‐2000 ［J］. American Journal of Economics and Sociology, 2001, 60: 245‐283.

［37］ Hejazi R, Shamsudin M N et al. Measuring the economic values of natural resources along a freeway: a contingent valuation method ［J］. Journal of Environmental Planning and Management, 2012, 57 (4): 629‐641.

[38] Holder J, Ehrlich P R. Human population and global environment [J]. American Scientist, 1974, 62: 282-297.

[39] Jaeger W K, Plantinga A J. How have land – use regulations affected property values in Oregon? [R]. Oregon State University, 2007.

[40] JIM C Y. Camping Impacts on Vegetation and Soil in Hong – Kong Country Park [J]. Applied Geography, 1987, 7 (4): 317-332.

[41] Kambites C, Owen S. Renewed prospects for green infrastructure planning in the UK [J]. Planning Practice and Research, 2006, 5 (4): 483-496.

[42] Kelly K, Machemer P L. Urban growth boundary, A Policy brief for the Michigan Legislature [M] //Lansing: Urban and Regional Planning Program. Department of Geography Michigan State University, 2000.

[43] Kim J H. Measuring the Containment and Spillover Effects of Urban Growth Boundaries: The Case of the Portland Metropolitan Area [M]. Growth and Change, 2013: 650-675.

[44] Kilbane-S. Green infrastructure: planning a national green network for Australia [J]. Journal of Landscape Architecture, 2013, 8 (1) 64-73.

[45] Knaap G J. The price effects of an urban growth boundary: at lest for the effects of timing [D]. University of Oregon, 1982.

[46] Knaap G J. The price effects of an urban growth boundary in metropolitan Portland, Oregon [J]. Land Economics, 1985, 61 (1): 26-35.

[47] Lafortezza R., Davies C, Sanesi G. Green Infrastructure as a tool to support spatial planning in European urban regions [J]. Forest – Biogeoscience and Forestry, 2013, 6 (5): 102-108.

[48] Lautenbach S, Kugel C, Lausch A et al. Analysis of historic changes in regional ecosystem service provisioning using land use data [J]. Ecological Indicators, 2011, 11: 676-687.

[49] Lennon M. Presentation and persuasion: the meaning of evidence in Irish green infrastructure policy [J]. Evidence & Policy, 2014, 10 (2): 167-186.

[50] Lin H, Gong J. Distributed virtual environments for managing country parks in Hong Kong: A case study of the Shing Mun Country Park [J]. Photogrammetric Engineering and Remote Sensing, 2002, 68 (4): 369-377.

[51] Llausas A, and Roe M. Green infrastructure planning: Crossnational analysis between the north east of England (UK) and Catalonia (Spain) [J]. European Planning Studies, 2012, 20: 641-663.

[52] Lopes A, Saraiva J, Alcoforado M J. Urban boundary layer wind speed reduction in summer due to urban growth and environmental consequences in Lisbon [J]. Enviromental Modelling & Softare, 2011, 26 (2): 241-243.

[53] Lovell S T, and Taylor J R. Supplying urban ecosystem services through multifunctional green infrastructure in the United States [J]. Landscape Ecology, 2013, 28 (4): 1447-1463.

[54] Madureira H, Andresen T. Planning for multifunctional urban green infrastructures: Promises and challenges [J]. Urban Design International, 2014, 19 (1): 38-49.

[55] Mark A B, Edward T M. Green Infrastructure: Smart Conservation for the 21st Century [J]. Renewable Resources Journal, 2002, 19 (1): 38-49.

[56] Mathur S. Impact of Urban Growth Boundary on Housing and Land Prices: Evidence from King County, Washington [J]. Housing Studies, 2014, 29 (1): 128-148.

[57] Mazza L, et al. Green infrastructure implementation and efficiency: Final report for the European Commission, DG Environment on Contract ENV. B. 2/SER/2010/0059 [M]. Brussels and London: Institute for

European Environmental Policy, 2011：267-283.

［58］Mell Ian C，et al. Promoting urban greening：Valuing the development of green infrastructure investments in the urban core of Manchester, UK［J］. Urban Forestry & Urban Greening, 2013, 12（3）：296-306.

［59］Millennium Ecosystem Assessment：Biodiversity synthesis report［R］. Washington D C：World Resources Institute, 2005.

［60］Mubarak F A. Urban growth boundary policy and residential suburbanization：Riyadh, Saudi Arabia［J］. Habitat International, 2004, 28（4）：567-591.

［61］Natural England. green infrastructure by design adding value to development：a guide for sustainable communities in Milton Keynes south midlands［R］. 2010.

［62］Naveh Z, Lieberman A S. Landscape Ecology：Theory and Application（2nd edition）［M］. New York：Springer-Verlag, 1984.

［63］Nelson A C. Using land market s to evaluate urban containment programs［J］. Journal of the American Planning Asociation, 1986, 52（2）：156-171.

［64］Odum H T. Emergy in ecosystems［M］. NewYork：JohnWiley, 1986.

［65］Pauleit S, Liu L, Ahern J, et al. Multifunctional green infrastructure planning to promote ecological services in the city［M］// Niemela J（ed）. Urban ecology：Patterns, processes, and applications. Oxford：Oxford University Press, 2011：272-285.

［66］Pendall R. Do land use controls cause sprawl？［J］Environment and Planning B：Planning and Design. 1999, 26：555-571.

［67］Porras Ina T. Forests in global balance：changing paradigms［M］. Helsinki, 2005：97-116.

［68］Robinson L. Joshua P N. Twenty－five years of sprawl in the Seattle region：growth management responses and implications for conservation［J］. Landscape and Urban Planning. 2005, 71（1）：51-72.

［69］Hejazi R, Shamsudin M N, et al. Measuring the economic values of natural resources along a freeway：a contingent valuation method［J］. Journal of Environmental Planning and Management. 2012, 57（4）：629-641.

［70］Rowe J E. Auckland's Urban Containment Dilemma：The Case for Green Belts［J］. Urban Policy and Research, 2012, 30（1）：77-91.

［71］Rudlin D, Falk N. Building the 21st Century Home：The Sustainable Urban Neighborhood［M］. Oxford：Architectural Press, 1999：115.

［72］van der Ryn, Cowan S. Ecological Design：Washington DC［M］. Island Press, 1996：115.

［73］Sandstrom U, Angelstam P, and Khakee. Urban comprehensive planning identifying barriers for the maintenance of functional habitat networks［J］. Landscape and Urban Planning, 2006, 75：43-57.

［74］SCEP（Study of Critical Environmental Problems）. Man's impact on the global environment：Assessment and recommendations for action［M］. Cambridge, MA：MIT Press, 1970.

［75］Schaeffler A. Green infrastructure：planning a national green network for Australia［J］. Journal of Landscape Architerure, 2013a, 86（1）：64-73.

［76］Schaeffler A. Valuing green infrastructure in an urban environment under pressure－The Johannesburg case［J］. Ecological Economics, 2013b, 86（2）：246-257.

［77］Schulz B, Dosch F. Trends der Siedlungsfl achenentwicklung und ihre Steuerung in der Schweiz und Deutschland［J］. DISP, 2005, 160：5-15.

［78］Siedentop S. Urban Sprawl－verststehen, messen, steuern［J］. DISP, 2005, 160：23-35.

［79］Silvestri Silvia, Zaibet L, Said M Y, et al. Valuing ecosystem services for conservation and development purposes：A case study from Kenya［J］. Environmental Science & Policy, 2013, 31（8）：23-33.

［80］Staley S, Mildner G. Urban Growth Boundaries and Housing Affordability［J］. Research Public Policy Institute, 1999（10）：2-5.

［81］Tang H Y. Science of city［M］. Harbin Institute of Technology Press, 2004：211-239.

［82］Tayyebi A, Pijanowski B C, Tayyebi A H. An urban growth boundary model using neural networks, GIS and radial parameterization：An application to Tehran, Iran［J］. Landscape and Urban Planning, 2011, 100（1-2）：35-44.

［83］Tayyebi A, Pijanowski B C, Pekin B. Two rule – based Urban Growth Boundary Models applied to the Tehran Metropolitan Area, Iran［J］. Applied Geography, 2011, 31（3）：908-918.

［84］Thomas D. London's green belt［R］. Faber and Faber Limited, 1970.

［85］Tishler W H. American Landcape architecture：designers and places［M］. Washington, D. C.：Preservation Press, 1989：115.

［86］Troll C. Luftbildplan und okologische Bodenforschung. Z. Ges. Erdkunde zu Berlin. H 7 - 8, S. 1939：241-298.

［87］Turner T. City as Landscape：A Post – postmodern View of Design and Planning［M］. London：Taylor & Francis, 1995：115.

［88］Tzoulas K, Korpela K, et al. Promoting ecosystem and human health in urban areas using Green Infrastructure：A literature review［J］. Landscape and Urban Planning, 2007, 81（1）：167-178.

［89］Vassilios J A B. South Florida greenways：a conceptual framework for the ecological reconnectivity of the region［J］. landscape And Urban Planning, 1995, 33：247-266.

［90］Wassmer, RW. Fiscalisation of land use, urban growth boundaries and non – central retail sprawl in the western United States［J］. Urban Studies, 2002, 39（8）：1307-1327.

［91］Wassmer RW, Baass MC. Does a more centralized urban form raise housing prices?［J］. Journal of policy analysis and management, 2006, 25（2）：439-462.

［92］Wang Y F, Bakker F, de Groot R, et al. Effect of ecosystem services provided by urban green infrastructure on indoor environment：A literature review［J］. Building and Environment, 2014, 77：88-100.

［93］Weitz J, Moore, T. Development inside urban growth boundaries – Oregon's empirical evidence of contiguous urban form［J］. Journal of the American Planning Association, 1998, 64（4）：424-440.

［94］Westman W E. How much are nature's services worth?［J］. Science, 1977, 197：960-964.

［95］Whitelaw W E. Measuring the effects of public policies on the price of urban land［R］// Black JT, Ehoben J. Urban Land Markets：Price Indexes, Supply Measures, and Public Policy Effects,（ed）. Research Report. Washington DC：Urban Land Institute, 1980.

［96］Williamson K S. Growing with Green Infrastructure［J］. Heritage Conservancy, 2003, 1（8）：1-16.

［97］蔡云楠, 肖荣波, 艾勇军等. 城市生态用地评价与规划［M］. 北京：科学出版社, 2014.

［98］陈姝. 基于GIS技术的城镇绿地系统布局研究［D］. 杭州：浙江农林大学, 2013.

［99］陈文波, 肖笃宁, 李秀珍. 景观指数分类、应用及构建研究［J］. 应用生态学报, 2002, 13（1）：121-125.

［100］崔清远. 城市基本生态控制线划定范围研究［J］. 中国环境管理干部学院学报, 2012, 22（3）：23-26.

［101］邓肯•博威（Duncan Bowie）. 伦敦绿带发展和城市扩张［J］. 上海城市规划, 2013（6）：4.

［102］丁成日. 城市增长边界的理论模型［J］. 规划师, 2012, 28（3）：5-11.

［103］杜震, 张刚, 沈莉芳. 成都市生态空间管控研究［M］. 城市规划, 2013, 37（8）：84-88.

［104］段进．城市空间发展论［M］．南京：江苏科学技术出版社，2006.

［105］冯采芹．伦敦市绿带的形成及其影响［J］．北京园林，1989（6）.

［106］冯科，吴次芳，韦仕川等．城市增长边界的理论探讨与应用［J］．经济地理，2008，28（3）：425-429.

［107］傅伯杰．黄土区农业景观空间格局分析［J］．生态学报，1995，15（2）：113-120.

［108］傅伯杰，陈利顶，马克明等．景观生态学原理及应用［M］．北京：科学出版社，2003.

［109］傅伯杰，陈利顶，马克明等．景观生态学原理及应用［M］．第2版．北京：科学出版社，2011.

［110］傅伯杰，刘世梁，马克明．生态系统综合评价的内容与方法［J］．生态学报，2001，21（11）：1885-1892.

［111］顾朝林．北京土地利用覆盖变化机制研究［J］．自然资源学报，1999，14（4）：307-312.

［112］郭红雨，蔡云楠，肖荣波等．城乡非建设用地规划的理论与方法探索［J］．城市规划，2011，35（1）：35-39.

［113］侯深．自然与都市的融合——波士顿大都市公园体系的建设与启示［J］．世界历史，2009，32（4）：73-85.

［114］侯元兆，吴水荣．生态系统价值评估理论方法的最新进展及对我国流行概念的辨正［J］．世界林业研究，2008，21（5）：7-16.

［115］黄和元．张家港市环城绿带的建设［J］．江苏绿化，1999（6）：11-12.

［116］贾俊，高晶．英国绿带政策的起源、发展和挑战［J］．中国园林，2005（03）：69-72.

［117］黎新．巴黎地区环形绿带规划［J］．国外城市规划，1989（3）：22-28.

［118］李博．城市禁限建区内涵与研究进展［J］．城市规划学刊，2008，32（4）：75-80.

［119］李德华主编．城市规划原理［M］．第3版．北京：中国建筑工业出版社，2001：78.

［120］李开然．绿色基础设施：概念，理论及实践［J］．中国园林，2009，32（10）：88-90.

［121］李团胜，石玉琼．景观生态学［M］．北京：化学工业出版社，2009.

［122］李炜，大小兴安岭生态功能区建设生态补偿机制研究［D］．哈尔滨：东北林业大学，2012.

［123］李信仕，于静，张志伟等．基于港深郊野公园建设比较的城市郊野公园规划研究［J］．城市发展研究，2011，18（12）：32-36.

［124］李咏华．基于GIA设定城市增长边界的模型研究［D］．杭州：浙江大学，2011.

［125］李宗尧，杨桂山，董雅文．经济快速发展地区生态安全格局的构建——以安徽沿江地区为例［J］．自然资源学报，2007，22（1）.

［126］林培．土地资源学［M］．北京：北京农业大学出版社，1991：87-92

［127］刘常富．沈阳城市森林景观连接度距离阈值选择［J］．应用生态学报，2010，21（10）：2508-2516.

［128］刘东云，周波．景观规划的杰作——从"翡翠项圈"到新英格兰地区的绿色通道规划［J］．中国园林，2001（3）：59-61.

［129］刘丽莉．绿带绕京城［N］．光明日报，2002-11-24.

［130］刘晓惠，李常华．郊野公园发展的模式与策略选择［J］．中国园林，2009（3）：79-82.

［131］鹿金东，吴国强，余思澄等．上海环城绿带建设实践初析［J］．中国园林，1999，15（2）：46-48.

［132］刘孟媛．多功能绿色基础设施规划——以海淀区为例［J］．中国园林，2013（7）：61-67.

［133］龙瀛，何永，刘欣，杜立群等．北京市限建区规划：制订城市扩展的边界［J］．城市规划，2006，30（2）：20-26.

［134］罗震东，张京祥．中国当前非城市建设用地规划研究的进展与思考［J］．城市规划学刊，2007，

167：39-43.

［135］罗震东，张京祥，易千枫．规划理念转变与非城市建设用地规划的探索［J］．人文地理，2008，101（3）：22-26.

［136］裴丹．绿色基础设施构建方法研究述评［J］．城市规划，2012，36（5）：84-90.

［137］彭建，王仰麟，张源等．土地利用分类对景观格局指数的影响［J］．地理学报，2006，61（2）：157-168.

［138］仇保兴．城市经营、管治和城市规划的变革［J］．城市规划，2004，28（2）：8-22.

［139］单卓然，黄亚平．"新型城镇化"概念内涵、目标内容、规划策略及认知误区解析［J］．城市规划学刊，2013，32（2）：16-22.

［140］盛鸣．从规划编制到政策设计：深圳市基本生态控制线的实证研究与思考［J］．城市规划学刊，2010，32（7）：51-53.

［141］苏常红，傅伯杰．景观格局与生态过程的关系及其对生态系统服务的影响［J］．自然杂志，2012，34（5）：277-283.

［142］苏晓静．城市景观环境的生态转型［D］．上海：同济大学，2007.

［143］汪永华．环城绿带理论及基于城市生态恢复的环城绿带规划［J］．风景园林，2004（53）：20-25.

［144］王国恩，汪文婷，周恒．城市基本生态控制区规划控制方法——以广州市为例［J］．城市规划学刊，2014，32（2）：51-53.

［145］王静文．城市绿色基础设施空间组织与构建研究［J］．华中建筑，2014（2）：28-31.

［146］王军，傅伯杰，陈利顶．景观生态规划的原理和方法［J］．资源科学，1999，21（2）：71-76.

［147］王军，严慎纯，余莉等．土地整理的生态系统服务价值评估与生态设计策略——以吉林省大安市土地整理项目为例［J］．应用生态学报，2014，25（4）：1093-1099.

［148］王仰麟．农业景观格局与过程研究进展［J］．环境科学进展，1998，6（2）：29-34.

［149］温全平，杨辛．环城绿带详细规划指标体系探讨［J］．风景园林，2010，32（1）：86-92.

［150］邬建国．景观生态学——概念与理论［J］．生态学杂志，2000，19（1）：42-5.

［151］吴国强，余思澄，王振健．上海城市环城绿带规划开发理念初探［J］．城市规划，2001，25（4）：74-75.

［152］吴亮，濮励杰，朱明．中日土地利用分类比较［J］．中国土地科学，2010，24（7）：77-80.

［153］吴伟，付喜娥．绿色基础设施概念及其研究进展综述［J］．国际城市规划，2009，24（5）：67-71.

［154］伍星，沈珍瑶等．土地利用变化对长江上游生态系统服务价值的影响［J］．农业工程学报，2009，25（8）：236-240.

［155］谢高地，鲁春霞等．全球生态系统服务价值评估研究进展［J］．资源科学，2001，23（6）：5-9.

［156］谢高地，鲁春霞等．青藏高原生态资产的价值评估［J］．自然资源学报，2003，18（2）：189-196.

［157］谢高地，肖玉，甄霖等．我国粮食生产的生态服务价值研究［J］．中国生态农业学报，2005，13（3）：10-13.

［158］谢英挺．非城市建设用地控制规划的思考——以厦门市为例［J］．城市规划学刊，2005，32（4）：35-39.

［159］邢忠，黄光宇，颜文涛．将强制性保护引向自觉保护——城镇非建设性用地的规划与控制［J］．城市规划学刊，2006，161（1）：39-44.

［160］杨小鹏．英国的绿带政策及对我国城市绿带建设的启示［J］．国际城市规划，2010，25（1）：
100-106.

［161］杨志荣，吴次芳，刘勇等．快速城市化地区生态系统对土地利用变化的响应——以浙江省为例
［J］．浙江大学学报（农业与生命科学版），2008，34（3）：341-346.

［162］俞孔坚．景观生态战略点识别方法与理论地理学的表面模型［J］．地理学报，1998（53）：
11-17.

［163］俞孔坚．生物保护的景观生态安全格局［J］．生态学报，1999（1）：8-15.

［164］俞孔坚，李迪华，刘海龙．反规划途径［M］．北京：中国建筑工业出版社，2005.

［165］俞孔坚，张蕾．基于生态基础设施的禁建区及绿地系统——以山东菏泽为例［J］．城市规划，
2007，31（12）：89-92.

［166］张惠远．景观规划：概念、起源与发展［J］．应用生态学报，1999，10（3）：373-378.

［167］张京祥．西方城市规划思想史纲［M］．南京：东南大学出版社，2005：115.

［168］张庭伟．控制城市用地蔓延：一个全球的问题［J］．城市规划，1999，32（8）：44-48.

［169］张媛明，罗海明，黎智辉．英国绿带政策最新进展及其借鉴研究［J］．现代城市研究，2013
（10）：50-53.

［170］千年生态系统评估：生态系统与人类福祉评估框架［M］．张永民译．赵士洞校．北京：中国环
境科学出版社，2006.

［171］朱强．景观规划中的生态廊道宽度［J］．生态学报，2005，25（9）：2406-2412.

［172］赵军，杨凯．生态系统服务价值评估研究进展［J］．生态学报，2007，27（1）：5-9.

［173］赵晟，李梦娜，吴常文．舟山海域生态系统服务能值价值评估［J］．生态学报，2015，35（3）：
1-11.

［174］赵士洞，张永民．生态系统与人类福祉——千年生态系统评估的成就、贡献和展望［J］．地球科
学进展，2006，21（9）：895-902.

［175］泽全．喀麦隆的城镇绿带［J］．世界农业，1983（01）：55.

［176］郑斌．资源环境约束下福建省沿海城市基本生态控制线划定研究［J］．福建建筑，2014，32
（3）：1-4.

［177］宗跃光，王蓉，汪成刚等．城市建设用地生态适宜性评价的潜力-限制性分析——以大连城市化
区为例［J］．地理研究，2007，26（6）：1117-1126.

［178］周艳妮，尹海伟．国外绿色基础设施规划的理论与实践［J］．城市发展研究，2010，17（8）：
87-93.

［179］周之灿．我国"基本生态控制线"规划编制研究［J］．城乡规划，2011，32（3）：1-4.

其他：

［180］北京市城市规划设计研究院．北京市限建区规划（2006—2020）［R］．北京：北京市规划委员
会，2007.

［181］成都市规划设计研究院．成都市中心城区非城市建设用地城乡统筹规划——成都市"198"地区
控制规划［R］．成都：成都市规划管理局，2007.

［182］复旦大学生态规划与设计研究中心．杭州市生态带概念规划（2007—2020）［R］．杭州：杭州市
规划局，2008.

［183］杭州市规划局编制中心，浙江大学城市规划与设计研究所．杭州市西南部生态带保护与控制规划
［R］．杭州：杭州市规划局，2008.

［184］上海复旦规划建筑设计研究院，复旦大学城市生态规划与设计研究中心．杭州东南部生态带保护

与控制规划［R］．杭州：杭州市规划局，2008.

［185］武汉市规划研究院．武汉城市总体规划（2010—2020）［R］．武汉：武汉市国土资源和规划局，2010a.

［186］武汉市规划研究院．2010b．武汉市抗震防灾规划（2010—2020）［R］．武汉：武汉市国土资源和规划局，2010.

［187］武汉市规划研究院，中国人民大学，华中农业大学．武汉市都市发展区非集中建设区发展模式研究及实施性规划［R］．武汉市国土资源和规划局，2011.

［188］武汉市规划研究院．武汉市都市发展区"两线三区"空间管制与实施规划［R］．武汉：武汉市国土资源和规划局，2013a.

［189］武汉市规划研究院．武汉市都市发展区1∶2000基本生态控制线落线规划［R］．武汉：武汉市国土资源和规划局，2013b.

［190］曾辉等．武汉市基本生态功能区分区界定与分类管控基础理论与支撑技术体系研究［R］．北京大学深圳研究生院城市规划与设计学院，2012.